青海省农牧业科技创新——
青海省冷水鱼养殖产业和水生生物生态保护平台（冷水鱼平台）培训指定教材

三倍体虹鳟健康养殖技术

徐民俊　李长忠　徐泽蕙　徐民杰　编著

中国农业科学技术出版社

图书在版编目（CIP）数据

三倍体虹鳟健康养殖技术 / 徐民俊等编著. --北京：中国农业科学技术出版社，2023. 11

ISBN 978-7-5116-6513-3

Ⅰ. ①三…　Ⅱ. ①徐…　Ⅲ. ①虹鳟鱼—淡水养殖　Ⅳ. ①S965.122

中国国家版本馆CIP数据核字（2023）第208946号

责任编辑　张诗瑶
责任校对　李向荣
责任印制　姜义伟　王思文

出 版 者　中国农业科学技术出版社
北京市中关村南大街12号　邮编：100081
电　　话　（010）82106625（编辑室）　（010）82106624（发行部）
（010）82109709（读者服务部）
网　　址　https://castp.caas.cn
经 销 者　各地新华书店
印 刷 者　中煤（北京）印务有限公司
开　　本　148 mm × 210 mm　1/32
印　　张　4
字　　数　102千字
版　　次　2023年11月第1版　2023年11月第1次印刷
定　　价　38.00元

《三倍体虹鳟健康养殖技术》

编著者名单

编 著 者：徐民俊（青海大学　华南农业大学）

李长忠（青海大学）

徐泽蕙（广州中医药大学）

徐民杰（华南农业大学）

插图绘制：徐民杰　徐泽蕙

目　录

第一章　三文鱼和三倍体虹鳟概述

第一节　三文鱼名称之争

一、三文鱼名称的由来及概念

三文鱼最早在我国港澳地区上市；由于当时对这类鱼不熟悉，鱼也没有特定的中文名字，为了方便称呼，从其英文“salmon”音译成“三文”；类似于“可口可乐”来源于“coca cola”，“苏打水”来源于“soda”，“派对”来源于“party”，“沙发”来源于“sofa”等。从科学分类上讲，“三文鱼”的名称类似“沙发”或者“凳子”，不是某种特定鱼类的科学名称，而是某类鱼的商品名称。

就像“沙发”是一类物品的称呼，实际产品是多种多样的；例如，按照结构分类，有单人沙发、双人沙发、高背沙发、低背沙发等；按照功能分类，有摇动沙发、旋转沙发、电动伸展沙发等；按填充物分类，有马鬃沙发、禽羽沙发、植物绒毛沙发、棕榈沙发等；按蒙面织物又可以分为天鹅绒沙发、刺绣品沙发、真皮沙发等（图1–1）。

图1-1　三文鱼是一种统称，就像沙发是一种统称一样

二、三文鱼的科学名称

1. 动物界分类范畴

不同动物的分类按照由大到小的顺序可分为界（Kingdom）、门（Phylum）、纲（Class）、目（Order）、科（Family）、属（Genus）、种（Species）。有时候因为“科”范围较大，往往会有“亚科”定位，也就是说，某两个物种都属于同一个“科”，但从下一级“属”的角度又不能包含全部特征，因此把“科”又进行细分，出现“亚科”这个类别；同样地，“门”下有“亚门”，“纲”下有“亚纲”等；“种”这个分类单位下面也包含“亚种”这个概念；亚种往往是由于动物长期生存的地理位置、生活环境的不同而产生的。为了便于理解，可将不同动物的分类大致通过行政区划进行类比（表1-1）。

表1-1　动物分类与行政区划类比

动物界的分类	行政区划地址分类
界	省
门	市
纲	县
目	乡
科	镇

续表

动物界的分类	行政区划地址分类
亚科	社区
属	村
种	户

2. 三文鱼国际物种分类标准

三文鱼国际物种分类标准如图1-2所示。

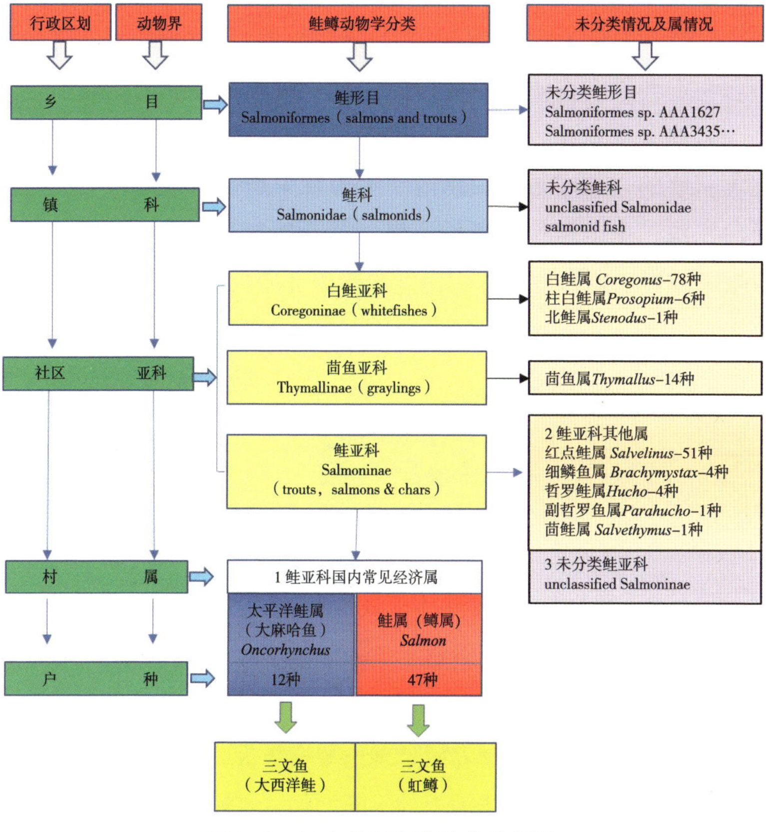

图1-2　三文鱼国际物种分类标准

第二节　虹鳟产业发展情况简介

虹鳟（*Oncorhynchus mykiss*）是鲑科、太平洋鲑属或大麻哈鱼属的一种冷水性鱼类，原产于北美，与俗称三文鱼的海水鲑鱼同属鲑科鱼类。虹鳟的鱼肉质细嫩，无肌间刺，蛋白质和脂肪含量高，富含人体必需的EPA（二十碳五烯酸）、DHA（二十二碳六烯酸）等必需脂肪酸，是人们获得高质量蛋白和必需脂肪酸的理想食材。

虹鳟又被称为"淡水三文鱼"（图1-3），并因为"三文鱼"命名和定性问题在国内引起广泛讨论。究其根本原因，是"三文鱼"名称本身就是约定俗成的称呼，没有科学定位。虹鳟作为三文鱼家族的重要成员，在国内"大粮食生产"中的定位和"优质蛋白来源"中的定位越来越清晰，有着越来越明朗的发展前景。未来虹鳟养殖业有望成为中国淡水养殖业中的重要品种之一。

图1-3　虹鳟因为身体表面有一道彩虹而得名

虹鳟（主要是三倍体虹鳟，全书下同）是最广泛的世界性养殖鱼类之一，同时也是我国第一批国家水产育种联合攻关的七大水产品种之一。近年来，虹鳟养殖呈现出规模扩大、技术提升、品质提高等趋势。随着虹鳟市场需求的不断增加，虹鳟养殖业规模不断扩大，并逐渐成为国内的特色优势产业。

国内的一些地区，如北京、浙江、福建、湖南、四川、黑龙江等地，已经形成了较为完善的虹鳟养殖产业链。另外，虹鳟的养殖技术在不断提高，包括饲料配方、养殖环境、疾病防治等。通过科学的养殖管理和优质饲料的使用，虹鳟的肉质更加细嫩、口感更加鲜美（图1-4）。

图1-4　虹鳟刺身是深受消费者欢迎的食材

第三节　三倍体虹鳟来源

要清楚地了解三倍体，就要从细胞开始说起。

一、认识细胞

人体由40万亿～60万亿个细胞组成（图1-5），小的只有几个微米，如淋巴细胞，直径约为5微米；大的可达100微米以上，如成熟的卵细胞，直径约100微米。

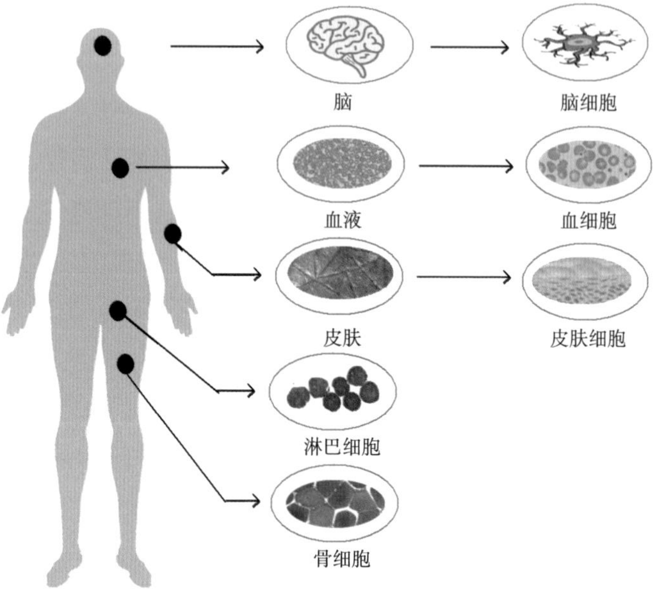

图1-5　人体的各类细胞组成示意

动物细胞比较像一个去了壳的鸡蛋（图1-6），包括细胞膜、细胞质、细胞核三大部分。细胞膜类似鸡蛋的蛋壳内膜，是细胞与外界环境的边界；细胞质类似蛋清，内含基质和细胞器，是细胞的能量中心、信息处理中心；细胞核类似蛋黄，是细胞的信息储存中心。

细胞核是细胞的信息储存中心，里面有极端重要的组成部分叫作染色体；人类有23对染色体，其中22对称为常染色体，男女大致相同；另外1对称为性染色体，男性是XY，女性是XX。在细胞核内，这些染色体不是随机分布的，一定数目的染色体会组合在一起，被称为一个染色体组。人类染色体可分成两组，通常标记为$2n$。

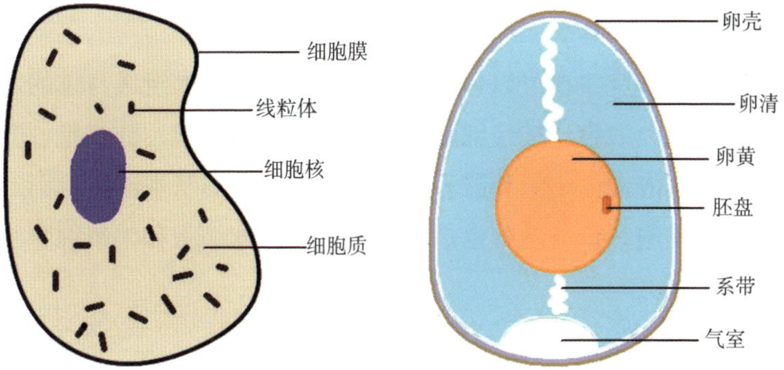

图1–6　动物细胞与去壳鸡蛋类比示意

染色体决定后代的遗传性状。民间谚语讲“龙生龙，凤生凤，老鼠的儿子会打洞”“虎父无犬子”“有其父必有其子”“种瓜得瓜，种豆得豆”等，都是遗传的缘故，所谓“物生自类本种”（图1–7）。

图1–7　染色体决定后代的遗传性状

二、生殖细胞

人类的细胞主要可以分成两大类，第一大类是组成身体的体细胞，包括肌肉细胞、神经细胞、脂肪细胞、血细胞、肺细胞、肝细胞等，是构成人体组织和器官并实现相应功能的基本单位；第二大类是生殖细胞。鱼类细胞也是一样的，分为体细胞和生殖细胞两大类（图1-8）。

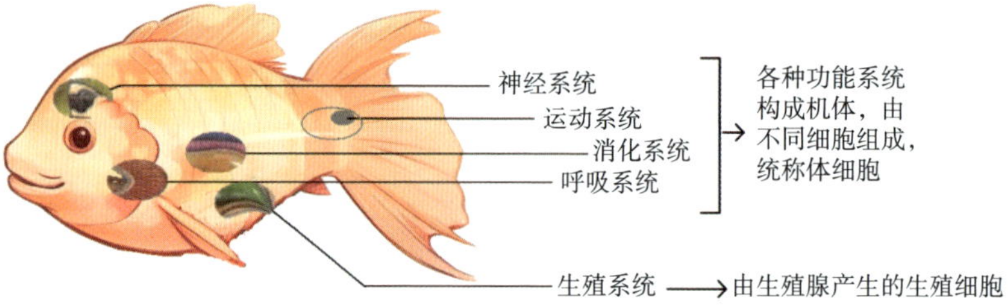

图1-8　鱼类细胞分类

最开始的生殖细胞跟普通体细胞一样，也含有两套染色体（$2n$），被称为卵原细胞或者精原细胞。卵原细胞经过减数分裂，形成初级卵母细胞、次级卵母细胞、极体等，最终形成成熟的卵子，里面只含有一套染色体（n）；精原细胞经过减数分裂，形成初级精母细胞、次级精母细胞，最终形成精子细胞，里面也只含有一套染色体（n）。当精子（n）与卵子（n）相遇，形成合子（$2n$）；合子继续发育就形成了胚胎，胚胎继续发育，破开卵膜，就是孵化出来的幼鱼（水花），就像孵化小鸡一样（图1-9）。

图1-9　卵子从受精卵开始的发育过程示意

三、减数分裂，极体丢失

一个细胞在通过分裂变成两个细胞之前，细胞内的染色体组会首先把自己复制一遍，并形成一个配对的染色体组（联会）（图1-10），配对的染色体组在细胞的中央位置（赤道板）均匀排布，然后细胞一分为二，二分为四，最后形成的细胞只有1组染色体组，从2*n*变成*n*，因此叫减数分裂。

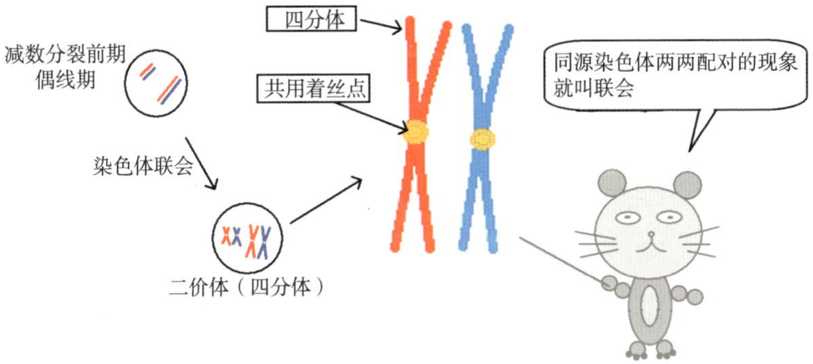

图1-10　联会示意

1个精母细胞（2*n*）通过减数分裂（图1-11）可以形成4个精子细胞（*n*）；而1个卵母细胞（2*n*）经减数分裂后却只形成1个卵子（*n*），另外的3套染色体经两次“极体外排”被丢弃了。

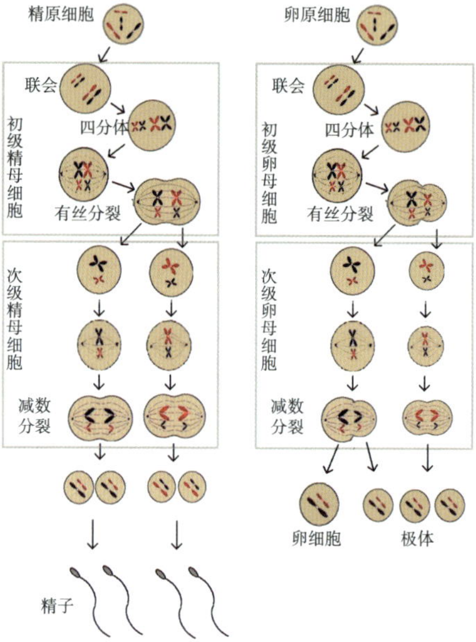

图1-11　减数分裂

注：左侧是精子的形成，右侧是卵子的形成。1个精母细胞分裂形成4个精子；1个卵母细胞分裂只形成1个卵细胞，其他的3个为极体，也各自含有一套遗传物质，不过极体会被排出卵细胞分裂体系。

这里涉及两个重要概念：一个是减数分裂，另一个是极体外排。如果不让第二极体排出，保留一套极体染色体，就会出现神奇的三倍体。

四、多倍体和三倍体

具有3组或3组以上染色体组的生物均称为多倍体生物，可分为同源多倍体和异源多倍体两种类型。

同源多倍体指所有染色体组都来自同一物种，如甘蔗、苜蓿、马铃薯等；异源多倍体指染色体组或者染色体组的部分结构来自不同物种，如异源四倍体烟草的两套染色体分别来自两个祖先种：拟茸毛烟草和美花烟草。实际上，多倍体在自然界中是非常常见的，大约13%的裸子植物是多倍体，而双子叶植物为42.8%，单子叶植物为68.6%；分类地位越高，多倍体所占的比例越大（图1-12）。

图1-12　同源多倍体和异源多倍体植物

五、三倍体优势

1. 养殖效益高

动物三倍体指动物细胞中具有3组完整的染色体组（3*n*）。三倍体动物至少具有以下几个优势。一是摄入的大部分能量用于自身营养生长，生殖生长抑制，因此生长速度比二倍体要快30%～50%，同时，三倍体细胞体积变大，个体比二倍体要大30%～80%，可以增加产量；二是饲料吸收转化效率高，生长周期短，减少养殖的经济成本；三是三倍体通常肉质细腻，可提高养殖产品品质，进而提高经济收益；四是避免二倍体产卵后体质变弱而容易死亡的缺点，死亡率低。三倍体鱼类在日常生活中很常见（图1-13）。

图1-13　三倍体有很多优势

自从三倍体技术问世以来，已经有很多物种具有了三倍体品种。例如，三倍体牡蛎不仅生长速度高于二倍体（提高约30%），其个体重量比二倍体增加约38%，而且牡蛎肉重增加60%以上；已报道三倍体育种成功的水生动物还包括黄颡鱼、草鲌、银鲫、泥鳅、牙鲆、大菱鲆、鲇鱼、鲤鱼、罗非鱼、黑鲷等。

2. 生态安全

除具有上述普通三倍体动物的高经济性状外，三倍体鱼类还具有如下生态学优点。一是三倍体鱼是不育的，无法在引入地区形成优势种群，最终将逐渐消亡，不会形成物种入侵；二是与其他鱼类混养，不会导致变异性杂交（图1–14）。

图1–14　三倍体鱼类具有生态学优点

六、商业化三倍体虹鳟的产生

人工诱导三倍体的途径主要有2个，包括间接途径和直接途径。间接途径是首先通过人工诱导获得四倍体，待四倍体个体性成熟后再与二倍体个体自然交配，获得三倍体，如三倍体牡蛎就是运用四倍体牡蛎和二倍体牡蛎杂交生产的。直接途径是通过各种方法对二倍体受精卵进行处理，抑制第二极体排出，从而获得多1组染色体组的个体，即三倍体。

间接途径的优点在于一旦获得稳定的四倍体个体，就不再需要继续进行物理或化学诱导等人工干预，可以通过自然繁育获得三倍体（图1–15），避免诱导过程对胚胎的损伤。但四倍体的诱导是建立在阻止第一次卵细胞的减数分裂基础上的，成功率很低。目前四倍体育种只在虹鳟、鲫鱼和牡蛎中报道过成功案例。

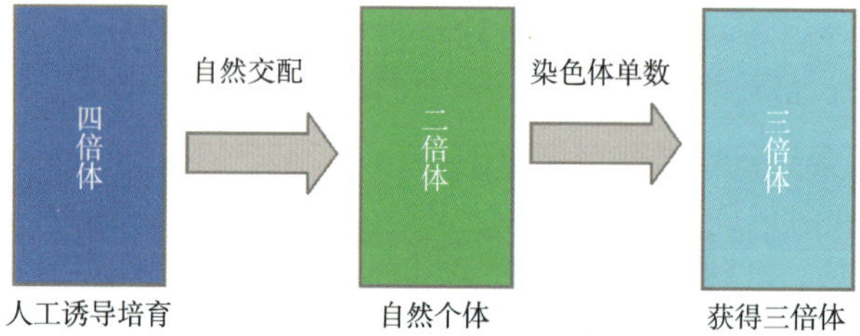

图1–15　获得三倍体的间接途径

相比间接途径而言，直接途径更加有效，而且应用也更加广泛（图1–16）。通过直接途径在鱼类中诱导三倍体的方法主要包括物理方法和化学方法。化学方法是通过用秋水仙素、细胞松弛素B等化学药品处理鱼类受精卵，抑制卵细胞分裂，从而达到目的，但该方法因试剂具有毒性、操作比较烦琐、时间不易把控、效果不确定等因素，现已很少在生产中应用。

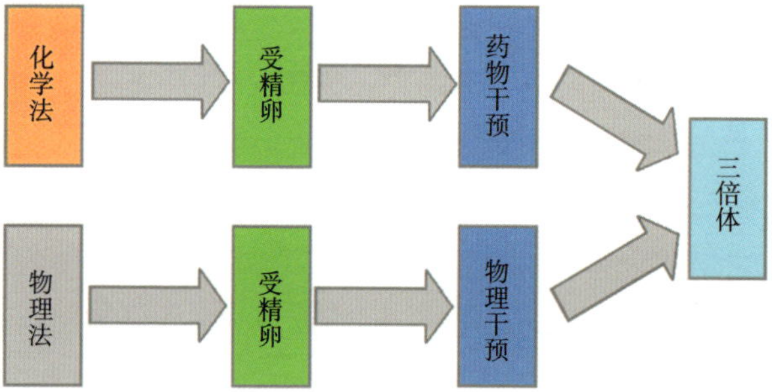

图1–16　获得三倍体的直接途径

生产中应用较多的是温度法和静水压法，而且目的都是相同的：在受精之后恰当的时间内，通过合适的温度或水压，阻止第二次卵裂的极体排出，从而导致受精卵内多1组染色体，实现三倍体人工诱导。这两种方法在三倍体育种方面成功率较高，在生产中应用较为普遍，但需要一定的技术和仪器设备，如静水压机等（图1-17）。静水压机鱼卵加压装置原理是在密封环境下，对水加压至60兆帕左右，保持一定时间，该水压条件下可以阻断有丝分裂进程，有效阻止受精卵极体释放，抑制受精卵早期分裂获得三倍体。

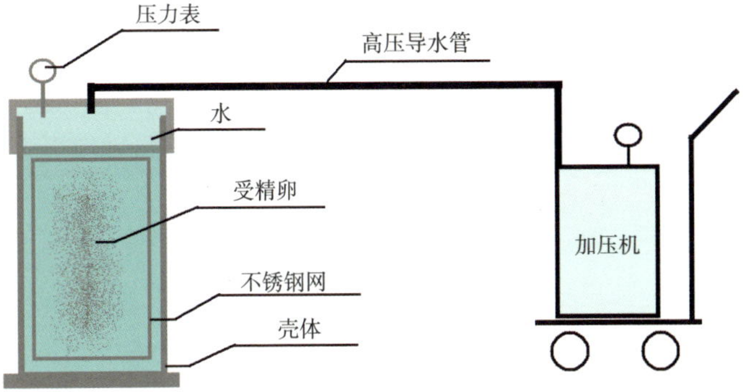

图1-17　静水压机

三倍体通常是不育的。但就目前国内的三倍体虹鳟育种而言，传统的雌、雄亲本受精获得受精卵后人工诱导产生的三倍体，由于环境等因素的影响，会发育出雄性性状，从而导致发育变缓、养殖周期变长等经济问题，以及可能在养殖区域之外繁殖的生态问题。因此，科学家们通过雄性激素诱导雌性虹鳟的雄性腺发育即实现雌性虹鳟性逆转（伪雄鱼），伪雄鱼可以产生精子并与卵子进行正常受精，但其染色体是雌性染色体。通过这个方法产生的三倍体个体只具有雌性个体的3组染色体组，从而避免了养殖过程中雄性问题的出现，确保了养殖效率及生态安全。目前，国内基本采用伪雄鱼受精获得受精卵的方法（图1-18），结合温度或水压处理获得三倍体虹鳟，并开展其产业化应用。

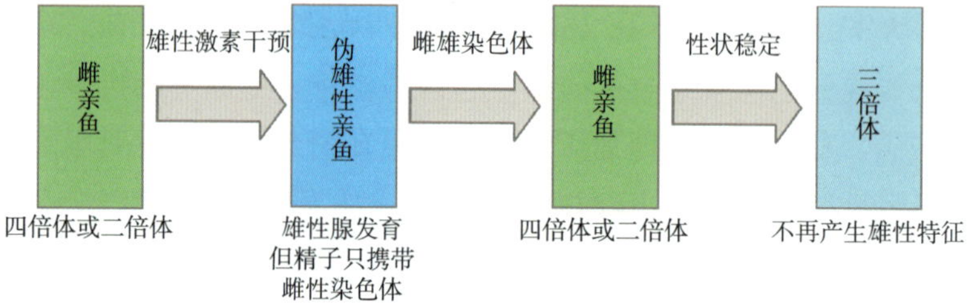

图1-18 伪雄鱼三倍体生产过程

第二章　从古代养鱼智慧学习综合管理

第一节　古人智慧现代传承的成功示例

中华文化源远流长，从三皇五帝始，到夏商周，经过秦汉唐宋元明清，直至中华人民共和国成立，一直没有断流地传承到了今天，是四大文明古国中的奇迹。伟大的中华民族创造了优秀的中华文化，优秀的中华文化哺育了伟大的中华民族。在中华文明的灿烂长河中，留下了无数瑰宝，启迪后人。

例如，疟疾自古以来就是一种令人望而生畏的、具有全球影响的衰竭性疾病，至今仍是传播最广泛和最具破坏性的传染病之一（图2-1）。尤其在第二次世界大战之后的几年里，新型化学抗疟药物导致的耐药载体和耐药寄生虫的出现诱发了疟疾的再次暴发，在东南亚和撒哈拉以南非洲地区尤为严重。人们对于新型抗疟药物的需求变得十分迫切。

中国政府在1967年设立了名为“523”的国家项目，研究防治疟疾的新药，屠呦呦以中国中医研究院科研组组长的身份加入该项目。该研究组从大量的中医知识宝库中初步选择了2 000多种草药，并提取了380多种提取物进行测试，然而大多数结果并未令人满意。

图2-1　疟疾的传播、临床症状及防治现状

后来最关键的突破在于，屠呦呦注意到中国古代最早使用青蒿治疗疟疾症状的著作医典《肘后备急方》，其中明确提到青蒿是应用“浸泡法”，而不是中医学常用的“煮制法”，从而提出了“低温提取”的思路，并一举获得突破，随后10年获得了一系列青蒿素及其衍生物的抗疟成果。2006年，世界卫生组织（WHO）宣布改变其治疗疟疾的战略，将青蒿素联合疗法作为治疗疟疾的一线疗法，并成为至今为止最有效和最推荐的抗疟疗法。青蒿素面世以来，拯救了全球数百万人的生命，至今在多个领域仍然有着广泛应用。

葛洪的《肘后备急方》始于东晋（317—420年），很多珍贵疗法被收录于李时珍的《本草纲目》（明代，1368—1644年）。因此，传承文化自信、了解古人智慧具有重要意义（图2-2）。

图2-2　屠呦呦与青蒿素

第二节　古代著作关于池塘养鱼的记载

自2018年开始，我国已经连续5年居于世界水产养殖第一大国地位，为全球优质水产蛋白供应、解决世界粮食问题作出了巨大贡献。同时，我国也是世界上最早开展池塘养鱼的国家，早在殷商末期和西周初期，已有池塘养鱼的记载。

《周礼》是记载周王室官制和战国时代各国制度的汇编，由西周时期的著名政治家、思想家、文学家、军事家周公旦所著，后成为儒家十三部经典著作之一。《周礼》的第一部分《天官冢宰·亨人/兽医》篇中，即提到“渔人”和“兽医”及其鱼类管理和疾病治疗方法。“渔人掌以时渔为梁。”“渔人”即“掌渔官”，掌管有关捕鱼的政令，使人们按照季节捕鱼，让不同种类的水产生物获得休养生息。“兽医掌疗兽病，疗兽疡。”其治疗方法是“凡疗兽病，灌而行之，以节之，以动其气，观其所发而养之。凡疗兽疡，灌而劀之，以发其恶，然后药之，养之，食之。凡兽之有病者，有疡者，使疗之”。

这里不仅讲到了动物疾病的不同治疗方法和治疗原理，而且涉及动物福利问题。在治疗方法方面，不仅有药物治疗，还有外科手术，对内科疾病“灌而行之”，对外科疾病“灌而劀之”。前者的治疗原理是“以动其气”；后者的治疗原理是“以发其恶”，而且手术之前，要辅以药物，减轻动物的手术痛苦。

此外，像《尔雅/释鱼》《管子》《孟子》《荀子》《吕氏春秋》《四时食制》《临海水土异物志》《岭表录异》《本草纲目》《然犀志》等著作，均有记载捕鱼、养鱼、稻田养殖、水产品加工、水产资源保护等内容，甚至对不同种类的鱼、虾、蟹进行了详细分类。这些宝贵的古代典籍为后世水产养殖业的发展奠定了扎实的基础。

第三节　范蠡的《养鱼经》

一、范蠡生平

范蠡出生于春秋战国时代，是著名的政治家、军事家、经济学家；曾拜计然（辛文子）为师。范蠡受教担任过越国相国、上将军；曾献策扶助越王勾践成为春秋战国最后一位霸主；兴越灭吴后，归隐而去；化名姓为鸱夷子皮，遨游于七十二峰之间。其间三次经商成巨富，三散家财；曾指导齐威王水产养殖收获万金，受拜为齐国相国；后定居于宋国陶丘（今山东省菏泽市定陶区南），化名“朱公”，成功地将陶地变为当时的经济贸易中心，被后世尊称为“陶朱公”。后世评其为“忠以为国，智以保身。商以致富，成名天下”。史学家司马迁称其“范蠡三迁皆有荣名”。公元前448年，范蠡卒，时年88岁；至唐德宗建中三年（782年），配享武成王庙，被追封为六十四名将之一；宋朝时期，配享武庙。

著名的成语，如鸟尽弓藏、兔死狗烹、大名难居、计然之策、卧薪尝胆、管窥蠡测、功成身退、富比陶朱、农末俱利、平粜齐物等，均与范蠡有直接或间接关系。

二、范蠡的著作

范蠡的著作几乎全部佚失。据现有资料记载，范蠡曾写过《范蠡兵法》二篇，已无从查找；此外，还有《计然篇》和《陶朱公生意经》，也基本都是片段。《计然篇》见于《史记·货殖列传》记载，主要讲述商业贸易经验；《陶朱公生意经》又称《陶朱公商经》《陶朱公商训》或《陶朱公经商十八则》，非范蠡所著，是后人根据范蠡的经商思想加工整理而成的，至今仍在定陶一带流传。此外，范蠡对中草药也非常了解，相传《卢氏本草经》为范蠡所著，该书约1 700字，讲述中草药药性及使用原则和方法。

《养鱼经》又名《陶朱公养鱼经》，是中国，也是世界上第一部养鱼著作，被收录于《辞海》（1999年版）；范蠡也因此被称为“养鱼学始祖”。2008年，农业部发布政府公告（农渔发〔2008〕30号）设立中国水产学会范蠡科学技术奖。该奖项是经科技部和国家科学技术奖励工作办公室批准（国科奖社证字第0167号）的面向全国渔业行业的综合性科学技术奖，主要奖励在渔业科技进步和产业发展中贡献突出的科技成果，至2022年已经完成了六届评审。

《养鱼经》原书已失传。现存内容是北魏《齐民要术》引用内容，共计497字，被翻译成了英、日、俄、法、西语等，在世界范围内广泛流传（图2-3）。《养鱼经》以问答形式记载了池塘建造、亲鱼规格、雌雄鱼搭配比例、养鱼密度、适宜放养的时间、轮捕、留种增殖和经济收益等养殖管理方法，是中国养鱼史上值得重视的珍贵文献。

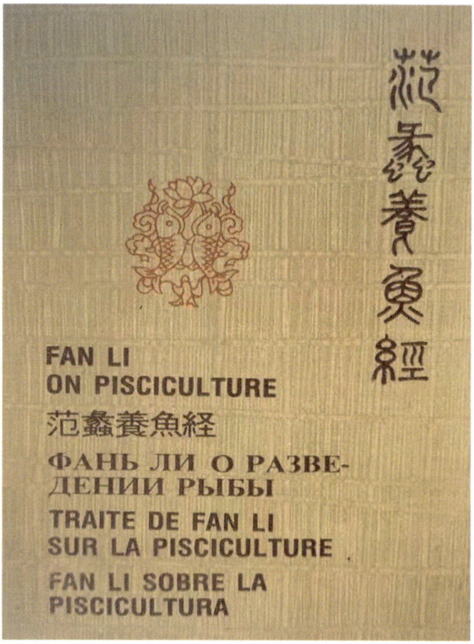

图2-3　我国出版的范蠡《养鱼经》

三、《养鱼经》全文

威王聘朱公问之曰："闻公在湖为渔父，在齐为鸱夷子皮，在西戎为赤精子，在越为范蠡，有之乎？"

曰："有之。"

曰："公任足千万家，累亿金，何术？"

朱公曰："夫治生之法有五，水畜第一。水畜，所谓鱼池也。以六亩地为池，池中有九洲。求怀子鲤鱼长三尺者二十头，牡鲤鱼长三尺者四头，以二月上庚日内池中令水无声，鱼必生。至四月内一神守，六月内二神守，八月内三神守。神守者，鳖也。所以内鳖者，鱼满三百六十，则蛟龙为之长，而将鱼飞去，内鳖则鱼不复去。在池中周绕九洲无穷，自谓江湖也。

至来年二月，得鲤鱼长一尺者一万五千枚，三尺者四万五千枚，二尺者万枚。枚值五十，得钱一百二十五万。至明年得长一尺者十万枚，长二尺者五万枚，长三尺者五万枚，长四尺者四万枚。留长二尺者二千枚作种，所余皆取钱，五百二十五万钱。候至明年，不可胜衎也。”

王乃于后苑治地，一年得钱三十余万。

池中九洲八谷，谷上立水二尺。又谷中立水六尺，所以养鲤者。鲤不相食，又易长也。

又作鱼池法，三尺大鲤，非近江湖，仓促难求。若养小鱼，积年不大。欲令生大鱼法，要须截取薮泽陂湖饶大鱼处，近水际土沙十数载，以布池底。二年之内，即生大鱼。盖由土中先有大鱼子，得水即生也。

四、《养鱼经》全文翻译

1.《养鱼经》的背景故事

范蠡离开越国后，改名为“鸱夷子皮”，在齐国从事生产贸易等，很快“致产数十万”，成为当地首富。齐国当时的国君是齐威王，“闻其贤，以为相”；然后有了《养鱼经》这段对话故事。

齐威王去拜访陶朱公。

齐威王问：“听说先生在太湖叫渔夫，在齐国叫鸱夷子皮，在西戎叫赤精子，在越国才叫范蠡，有这样的事吗？”

范蠡回答说："是的。"

齐威王接着问道："先生资产胜过千万家之和，达到亿万之多，不知用什么办法做到的？"

2. 构建池塘放鱼种

范蠡回答说："获取利润积累财富的方法有五种，水产养殖排第一。水产养殖，就是池塘养鱼。用2～3亩（1亩≈667米^2）地作鱼塘，塘内设置9个土丘。放置50～70厘米长的雌性鲤鱼20条，雄性鲤鱼4条，在3月上旬放到池塘里；放养时，要轻拿轻放防止鱼受伤；保持池塘安静，不要打扰，鱼自然会产卵受精。到农历四月放1只甲鱼，农历六月放2只甲鱼，农历八月放3只甲鱼。为什么要放甲鱼呢？（传说）鱼达到360条以上，就会长出蛟龙并带鱼逃离，如果放入甲鱼，鱼就不会逃走了；反而会在池塘里面围绕土丘游来游去，感觉就像在天然的江河湖海环境下一样了。"

3. 立竿见影得收益

"到第二年3月，能获得15厘米左右的鲤鱼1.5万条，30厘米左右的鲤鱼有1万条，50厘米左右的鲤鱼4.5万条。一条可卖50元（当时的货币单位及价格），就有125万元收益；到第三年，可收获15厘米左右的鲤鱼10万条，30厘米左右的鲤鱼有5万条，50厘米左右的鲤鱼5万条，接近70厘米的鲤鱼4万条。留下2 000条30厘米左右的鲤鱼，其他都可以卖掉，可获得525万元收益。到第四年，池塘的鱼就多得没法估量了。"

齐威王于是就在自己的后花园里开挖鱼塘，如法炮制，仅一年就获得了30余万元收益。

4. 核心技术见真章

修建池塘的基本要求是池塘里不仅要有9个土丘，还要有8个深沟；沟沿离水面30厘米，沟深1米（池塘深度相当于1.2米）（图2-4）为什么养鲤鱼呢？因为鲤鱼相互之间不会撕咬吞食，并且不易生病，且容易长大。

再一个，池塘养鱼用70厘米左右的大鱼一定要到大的江河里面捕捞；如果鱼小了，需要太长时间才能长大。如何获取到能快速长大的鱼呢？要到盛产大鱼且长水草的河流湖泊等地方，靠水边挖十几车的沙土，铺垫在鱼池底部；两年内就可以长出大鱼了。这是因为沙土里有大鱼产的卵，遇到水以后就孵化出来了。

注：按照春秋时期的度量衡，一尺约为16.5厘米，三尺长约50厘米；而后，汉制一尺等于24厘米，三尺为72厘米；不同时代尺的概念有差异；因不知道后代在引用或改写过程中，是否依据自身因素做了调整，本书用50～70厘米作为翻译。此外，根据《养鱼经》所说的鲤鱼生长速度，投亲鱼之后的当年就有达到50厘米左右的鲤鱼，因此，亲鱼鱼龄应该是至少2年或以上，处于性腺成熟期。

图2-4　范蠡的鱼塘示意（九洲八谷）

五、《养鱼经》体现的管理经验

陕西汉中地区出土了范蠡养鱼池模型，其中有鱼、蛙、螺、菱的图案，证明历史上确实存在范蠡养鱼这么回事。

《养鱼经》不到500字，包含内容非常丰富，而且还有范例。范蠡不仅具有高超的观察能力、思考能力，而且充分利用湖水；不仅进行了生态立体式养殖，而且还有轮捕轮放。

1. 鱼种

要想养好鱼，必先选择良好的鱼种。在古代育种技术尚未出现之前，范蠡是怎么做的呢？到盛产大鱼的长水草的河流湖泊等地方，靠水边挖十几车的沙土，铺垫在鱼池底部，两年内就长出大鱼了。这是因为沙土里有大鱼产的卵，遇到水以后就孵化出来了。盛产大鱼的地方，获得大鱼优良基因的概率就大。这里体现了“遗传”的重要性。类似于现代的传统遗传育种，筛选个体大、生命力强、生长速度快的品种进行选育。因此，种质是水产养殖的基础。

2. 生态化养殖

池塘修建的要求是“九洲八谷，谷上立水二尺；又谷中立水六尺”。现代标准化养殖基本水深也是1.2米左右。这个深度既有利于阳光透射和浮游生物生长，又能在天气热的时候给鱼提供降温环境。除此之外，九洲是土丘，其上不仅可以生长各类植物，并且给鱼提供了饲料、溶解氧、降氨氮、自由穿行等环境。在这样环境下生长的鱼自然身体健硕，不易得病且生长状态良好（图2-5）。

图2-5　九洲八谷与生态养殖

3. 育种的重要方法及注意事项

时间控制在春末夏初（农历二月上庚日），此时鱼进入繁殖期。“内池中令水无声”，既要轻拿轻放，又要保持环境安静，符合现代水产育种理念。

4. 混养技术

混养不是为了利用水层，而是为了安全。

在不同月份，间隔放入甲鱼。按《养鱼经》的说法，“鱼满三百六十，则蛟龙为之长，而将鱼飞去，内鳖则鱼不复去”。这一句历来是有争议的。推测范蠡的本意，他是依据“鲤鱼跳龙门”及“鱼化为龙”的传统观念，以甲鱼为守，类似牧羊。按照现代的理解，鲤鱼的生活习性通常比较温顺；但当养殖密度过大时，会发生相互撕咬及吞食水花（小鱼）现象。推测放置甲鱼的目的，一是控制整体密度；二是控制水体其他生物，如青蛙、蛇等的侵扰。现代化的鱼鳖养殖，是为了充分利用水体，甲鱼的产量也是很高的。

5. 轮捕与留种

每年“留长二尺者二千枚作种，所余皆取钱”，实现鱼类的自我繁育。但应每年捕捞，“所余皆取钱”，既获得了经济收益，又降低了养殖密度，减少了环境压力。值得注意的是，《养鱼经》对留种也做了明确解释，“二尺者”“二千枚”。开始投苗的时候用的是“三尺”，留种的是“二尺”，为环境休养生息奠定了基础；开始投苗的时候用的是“怀子鲤鱼”“二十头”，“牡鲤鱼”“四头”，留种的是“二千枚”，既考虑了环境的容载量，又考虑了经济效益。

6. 鱼类的生长过程中的注意事项

在鱼类的生长过程中避免良莠不齐的生长性状，最开始投放的养殖亲本是一样的，“怀子鲤鱼长三尺者二十头，牡鲤鱼长三尺者四头”，但一年后，鲤鱼就出现了“一尺”“二尺”“三尺”的生长差别。三尺居多，4.5万枚；一尺居中，1.5万枚；二尺最少，1万枚。到第三年，“长一尺者十万枚，长二尺者五万枚，长三尺者五万枚，长四尺者四万枚”。

这是同一批鱼苗，推测其可能的原因有两个。第一个是随着鱼类密度的提高，当时的投喂饲料不能满足鱼类生长的需要，出现了饲料短缺和争抢现象；第二个可能是鲤鱼生长性状分离是比较严重的。在经济尚不发达的古代，这种养殖模式对于增产增收具有重要意义。对于现代化养殖，尤其是高密度养殖的情况下，必须保证鱼苗品质，维持相同的生长性状；同时确保足够的饲料投入。

7. 育种过程中性别比例的问题

“怀子鲤鱼长三尺者二十头，牡鲤鱼长三尺者四头”，雌雄比例为5：1。

8. 对现代水产养殖的指导意义

由上述分析可见，范蠡在不到500字的《养鱼经》中提到了养殖模式、养殖密度、混养技术、轮捕轮放、种质改良等问题。但未提鱼病问题；可见在生态养殖背景下，当水质状态良好、养殖管理得当的情况下，病害并不是养殖中最重要的、特别值得关注的问题。

实际上，现代水产养殖病害的产生，仍然离不开以下四个可能因素。

一是种质问题，如种质退化。

二是环境问题，如缺乏生态养殖环境、水质恶化。

三是管理问题，如养殖密度过大、投喂不合规等。

四是单一品种养殖问题，如无法实现生态混养。

第四节　黄省曾的《种鱼经》

《种鱼经》对《陶朱公养鱼经》的鱼池设计作了进一步补充和改进，并提出了鱼病防控的基本方法，是现存最早的、完整版本的养鱼专著；该书奠定了中华人民共和国成立前我国养鱼的主流技术。

《种鱼经》又名《养鱼经》《鱼经》，全书三篇，共2 271字。第一篇述鱼种；第二篇述养鱼方法；第三篇主要记载19种常见鱼的形态和食用风味。该书由明代黄省曾（1490—1540年）编写，出版于1618年。2016年10月浙江人民美术出版社出版了《养鱼经

（外十种）》（图2-6），其中收录了《养鱼经》（黄省曾著）、《朱砂鱼谱》（张谦德著，中国最早的一本论述金鱼生态习性和饲养方法的专著）、《虫鱼雅集》（荣廷著，介绍了四时养鱼法）等十一篇内容。本书正文内容仅介绍其第一篇和第二篇，第三篇参见附录一。

一、《种鱼经》第一篇

1. 第一篇：一之种原文

夫治生之法有五，水畜第一。水畜者，鱼池也。所以养鲤者。鲤不相食，又易长也。求怀子鲤鱼长三尺者二十头，牡鲤鱼长三尺者四头，以二月上庚日内纳之池中，池中令水无声，俾自涵育，鱼必生。然三尺大鲤，非近江湖，仓促难求。若养小鱼，积年不大。欲令生大鱼法，要须截取薮泽陂湖饶大鱼处，近水际土沙十数舟以布池底，则二年之内，土中自有大鱼宿子，得水即生也。

图2-6　已出版的《养鱼经（外十种）》

今之俗，惟购鱼秧。其秧也，渔人泛大江乘潮而布网取之者。初也如针锋，然乃饲之以鸡鸭之卵黄，畜于小池；大麦之麸屑，或炒大豆之末，稍大则鬻鱼池养之家。可尺许，徙之广池，饲以草，九月乃取。然鱼食鸡鸭卵之黄，则中寒而不子，故鱼秧皆不子。

凡鱼啸子，必沿水痕，虽干涸十年，遇水即生。其长甚易。其啸子也以五月，鲤鱼以五月下，惟银鱼、鲙残鱼啸子于冰，冰解三日乃生也。

有难长之秧曰艋艘，其首黄色曰螺蛳，青，以其食螺蛳故也，故名鳟鱼是也。其口尖，期年而鼻窍始通，不得通则死。长至尺许，乃易大。

惟鲩鱼为良，其口阔而盆，首似鲤而身圆，谓之草鱼，食草而易长。

白鲢乃鱼之贵者，白露左右始可纳之池中。或前一月，或后一月，皆不育。渔人携于舟，若煎炙油气触之，则目皆瞎。

有鳙鱼者，巨首细鳞，池塘中多蓄之。

鲻鱼，松之人于潮泥地凿池，仲春潮水中捕盈寸者养之，秋而盈尺，腹背皆腴，为池鱼之最。是食泥，与百药无忌。头扁而骨软。目赤而身圆，口小而鳞黑。吴王论鱼，以鲻为上也。其鱼至冬，能牵被而自盖。

2. 第一篇注译：鱼种问题

“夫治生之法有五……得水即生也。”这一段，全文引自范蠡的《养鱼经》，讲授放大鱼自然产卵繁育以及从环境中获得大鱼卵的方法。可回看范蠡的《养鱼经》一段，此处不再重复。

现在的习惯是直接购买鱼苗。鱼苗是渔夫乘船从大江大河涨潮的时候用网捕捞的。刚开始的小苗，类似针尖样大小，养在小池子里，开始用鸡蛋或者鸭蛋的蛋黄饲喂，然后用大麦的麦麸或者炒大豆的粉末投喂。再大一点就可以卖给其他养殖户了。等到16厘米左右，要转到大的池塘，投喂青草，到农历九月就可以收获了。但因为幼鱼期间吃的是蛋黄，它们会因为受了寒气不能够产生鱼卵，所以从用这种方法来养出来的鱼基本上都不能产卵。

鱼在产卵的时候一定会沿着水边。所以虽然水可能干了十几年，但是卵遇到水还是能够很快孵化，而且生长比较容易。一般鱼在农历五月产卵，鲤鱼在农历五月下旬产卵，只有银鱼（又叫鲙残鱼）把卵产在冰上，等冰溶解3天之后，小鱼苗就孵化出来了。

有一种鱼苗叫艋艘，比较难长大。这种鱼的头是青黄色的，类似螺蛳的颜色，是因为它们吃螺蛳的缘故，所以还有一个名字叫鳟鱼。这种鱼的口比较尖，要到第二年的时候鼻子才开始通畅，如果不通畅的话，这条鱼就会死掉。这种鱼长到十几厘米以上，就比较容易养大了。

（鱼类里面）只有鲩鱼比较好养。这种鱼口比较大而深，头像鲤鱼，身体偏圆形，也叫草鱼；这种鱼吃草，比较容易长大。

白鲢是鱼中比较名贵的品种，在白露附近时间段（每年9月上旬）才可以放在池塘养殖，之前一个月或者是之后一个月养殖的话，都不会产卵。捕鱼的人抓到白鲢以后放到船上，如果碰到煎炸的油气，鱼的眼睛就会瞎了。

有一种鱼叫鳙鱼，头比较大，鳞片比较细小，一般池塘里都会有这种鱼。

还有一种鱼叫鲻鱼。松江府海边当地人在潮湿的泥地边挖一个池子，到农历二月涨潮水的时候抓捕一些1寸左右（3～4厘米）的鱼苗来养，到秋天的时候就可以达到1尺多长（30多厘米）。这种鱼的背部和腹部肥满多肉，是池塘养鱼里面最名贵的一种鱼。这种鱼可以吃泥巴，对各种药物没有禁忌。它的头扁，骨头软，眼睛是红色的，身体呈圆形，口小，鳞片黑色。吴王阖闾喜欢吃鱼，经常与介象（吴国隐士）一起讨论鱼的味道，认为鲻鱼是最上品。鲻鱼到了冬天的时候，会用一些泥巴像被子把自己盖起来。

介象与吴王共论鱼，以鲻为上，取其益阴。《海错图》（聂璜著）中有记载“神女传载介象与吴王论鱼味，称鲻鱼为上，乃于殿前作方坎汲水饵鲻鲙之”。所谓“鲙之”，就是吃生鱼片。《种鱼经》第一篇描述的明代松江府海边鲻鱼养殖，是我国鲻鱼人工半咸水养殖的最早记载。

3. 管理经验

第一篇主要记载了天然鱼苗的捕捞、养殖、繁育方法及注意事项。其中明确提到用蛋黄喂养鱼苗会导致不育，不育的原因是蛋黄属寒，幼鱼受寒所致；也讲了鳟鱼的养殖，及其名字的来历。鳟鱼养殖过程中，需注意第二年的时候保持鼻腔畅通，如果不畅通会出现死亡现象。但能培养到十几厘米以上，就没有问题了；再一个是白鲢，白鲢怕油。

二、《种鱼经》第二篇

1. 第二篇：二之法原文

凡凿池养鱼，必以二，有三善焉：可以蓄水，鬻时可去大而存小，可以解泛。

以六亩地为池，池中有九洲。九洲八谷，谷上立水二尺，谷中立水六尺。在池中周绕九洲无穷，自谓江湖也。鱼之行游，昼夜不息，有洲岛环转则易长。

至四月内一神守，六月内二神守，八月内三神守。神守者，鳖也。所以内鳖者，鱼满三百六十，则蛟龙为之长，而将鱼飞去，内鳖并虾螺，系为神守，鱼相忘相若，则鱼不复去。

池之傍树以芭蕉，则露滴而可以解泛；树楝木，则落子池中可以饱鱼；树葡萄，架子于上可以免鸟粪；种芙蓉，岸周可以辟水獭。鱼食杨花则病，亦以粪解之。食蟋蟀与嫩草，食稗子。

池不宜太深，深则水寒而难长。池之正北浚宜特深，鱼必聚焉。则三面有日而易长，饲之草亦宜。

此方一日而两番，须有定时。鱼小时，草必细饲，至冬则不食。

不可以沤麻，一日即泛。鱼遭鸽粪则泛，以圊粪解之。鱼之自粪多而反复食之，则泛，亦以圊粪解之。

凡池之菰，相传一夜生七子，太密则鱼皆郁死，必去其半乃佳。

饲鱼之草不可撩水草，恐有黑鱼、鲇鱼等子在草上，是能食鱼。黑鱼者，鳢鱼也，夜则仰首而戴斗；鲇鱼者，鳠鱼也，即鳀鱼也，大首方口，背青黑而无鳞，是多涎。

池中不可着碱水、石灰，能令鱼泛。

至来年二月，可得一尺者一万五千枚，三尺者四万五千枚，二尺者万枚，枚直五千，可得榆荚者一百二十五万。又明年，一尺者十万，二尺者五万，三尺者五万，四尺者四万。留二尺者二千为种，余可得榆荚五百一十五万。候至明年，不可胜计也。

2. 第二篇注译：养殖措施

设境：开挖池塘养鱼，一定要准备两个池塘，有三个最好，原因有三个，一是可以存水；二是卖鱼的时候可以卖大留小；三是防止受病泛塘（鱼翻白肚）。第二段主要引用了范蠡的《养鱼经》，并稍做解释。以2～3亩地作为一个池塘，池塘里边要设置“九洲八谷”，“九洲”就是9个土丘。“八谷”就是8个深沟。深沟的上端离水面两尺左右，也就是30厘米左右；谷深1米左右。池塘里面的鱼自然会在池塘里面围着这9个土丘绕来绕去，无限循环，它们认为这就是大江大河了。鱼绕着土丘游来游去，昼夜不停息。有“洲”“谷”这个环境鱼就比较容易生长。

混养：接下来一段，也是引用了范蠡的《养鱼经》，并稍做解释。到农历四月的时候放一个神守，农历六月的时候放两个神守，农历八月的时候放三个神守。神守就是甲鱼。为什么要放甲鱼呢？因为传说鱼满了360条以后啊，就会长出蛟龙，然后带着鱼飞走了。把甲鱼、虾、螺放在池塘里，当作神守，鱼看到这些甲鱼、虾、螺等，就把自己误以为是甲鱼或者是螺了，就不会离开。

防病：在池塘的旁边可以种芭蕉，芭蕉的叶片会滴下露水，可以防止鱼泛塘；也可以种楝木，楝木子落到池塘里，可以作为鱼的饲料；还可以种葡萄，葡萄架子在上方避免鸟粪落入池塘里；还可以在岸周边种芙蓉树，可以防备水獭（水老鼠）。但是不可以种杨树，鱼吃了杨树花会生病；这种病可以用大粪来解毒。鱼还可以吃蟋蟀、嫩草、稗子草等。

池塘的水不要太深，水太深就比较寒凉，鱼难以长大。池塘正北方要挖得深一些，鱼喜欢聚在这个比较深的地方（休息避寒）。另外，三面因为有太阳照射，鱼比较容易生长。

投喂草料有利于鱼的生长。在投喂的时候，一天要投喂两次，必须定时。鱼小的时候，草料一定要精细。鱼到冬天的时候就不吃饲料了。

池塘不可以用来沤麻，否则的话鱼一天之内就会大量死亡。鱼怕鸽子粪；有鸽粪的话也会泛塘，这种情况可以用厕所粪肥来解毒。另外，鱼自己的粪便比较多了之后，鱼会反复地吞食。在这种情况下，鱼会生病，也可以用人类的粪便来解毒。

池塘里如果种植有茭白的话，相传茭白一夜之间可以1根产生7根；如果茭白太密，鱼会闷死，所以一定要去掉一半，是比较保险的方法。

给鱼吃的草不可以用水草，怕水草上附有黑鱼或者鲇鱼的卵。这些鱼都能够吃掉养殖的鱼。黑鱼，也叫鳢鱼、它晚上的时候会抬头看天（晚上会出来活动）；鲇鱼，也叫鲼鱼、鳀鱼，头大口方，背部青黑色，没有鳞片，身上有很多黏液。

池塘里面不可以有碱水或者石灰。如果有的话呢，会导致鱼泛塘。接下来一段，“至来年二月……不可胜计也”引用了范蠡的《养鱼经》对鱼塘产出描述，参见前文，此处不再翻译。

3. 六大管理经验

黄省曾的《种鱼经》第二篇养鱼管理方法可总结出六大管理经验。

池塘建设：二塘并养，三塘更好。其好处有可以蓄水，可以去大存小，以及免除鱼类受病泛塘等。

生态化养殖：池塘设置九洲八谷，让鱼洄游，促进鱼类的成长。水不宜太深，1.2米合适；池塘正北要挖深，以利鱼群聚集休息。

投喂原则：饵料投喂要定时、定点；并依据鱼的生长阶段投喂不同颗粒大小的饲料（定质）；并且鱼在冬季少食，应减少投喂（定量）。实际上这里已经涉及现代化养殖中投饲的“四定”原则，即定质、定量、定时、定点。饲料种类有蟋蟀、嫩草、稗子草等。

防病与治疗：不可以随便改变水体环境，如沤麻、流入碱水石灰等；避免动物粪便污染；避免鱼自身粪便污染。人的粪便（厕所沤肥）可解动物粪毒。

生态防控：防止水生植物过多，以一半为宜；不可捞水草喂鱼，以防夹带肉食性鱼敌入池；环池塘周围宜种植芭蕉（露水防泛塘）、楝木（既可饱腹，也可防病）、葡萄（防鸟粪）、芙蓉（防鼠害）等植物，但不宜种杨树。

循环经济：即轮捕轮放技术。

第五节　养鱼八字经及其时代新解

从范蠡的《养鱼经》，到黄省曾的《种鱼经》，表明我国早在2 000多年前就已经有了较为成熟的池塘养殖技术，我国的池塘养殖技术在世界上属领先地位。虽然当时没有明确提出“生态养殖”“绿色养殖”“轮捕轮放”“混养”“病害防控”等现代养殖概念，但实际上已经在践行生态养殖平衡、通过预防的方式进行疾病防控的理念，对于后世的水产养殖业具有重要的指导意义。

经过几千年的发展，广大养殖户在渔业养殖产业方面的长期生产实践过程中，进行科学总结，逐渐形成了“养鱼八字经”的养殖丰收技术理论体系。“养鱼八字经”包括“水、种、饵、密、混、轮、防、管”八个字，是我国几千年养鱼经验科学总结的核心技术，无论对于养殖新手或者具有一定经验的熟手而言都具有指导意义。在养殖过程中，把握好这八点，可以少走弯路。

一、水

水体是鱼类赖以生存的环境，水体的好坏直接决定生长速度、养殖品质、病害发生等问题。因此，水产养殖最重要的是先把水控制好，即“养鱼先养水”。除养好水外，养殖水体需要注意的事情比较多，如水体质量（污染物、重金属含量等）、天气突变、突发大水、泄洪、水体参数剧烈变化等。

除采用一些检测手段进行水体检测外，对水体质量也可以采用简单的直观判断方法进行直观断定，判断标准分别是“肥、活、爽、嫩”和“瘦、老、病、死”。

1. 肥

“肥”指水体看上去能见度在25～30厘米深（可用深度盘或者插杆估算），水体偏绿油油的状态，水体澄澈不混浊，无杂物或者漂浮物。这样的水体溶氧量较高，透光度好，天然的饵料生物多，鱼生长较快。

2. 活

“活”指水体有一定的流动性和色泽的变化性，包括整体水体缓慢替换、上下层水体自由交换、水体颜色随光照和时间的不同而变化。“肥”指浮游植物的种类丰富，“活”则是指在水体的变动下，浮游植物呈现出活跃的生长发育状态。

3. 爽

“爽”指水质清爽，透明度良好，水体无泥沙、杂物，水面无水华、油膜。“爽”的状态意味着水体和底泥健康状况良好。

4. 嫩

“嫩”是建立在“肥”“活”“爽”的基础上，呈现出的水色外观，通常呈现浅绿色，类似初春的树叶；这种状态体现了水体溶氧量等参数符合生物生长的基本条件，浮游生物正处于茂盛的生长阶段。

5. 瘦

与水体“肥、活、爽、嫩”相对应，当水体出现问题时也会呈现出特定的颜色和特点，概括为“瘦、老、病、死”。“瘦”指水体几乎一眼能看到底，所谓的“水至清则无鱼”，这样的水体浮游生物少，难以满足鱼类生长生态环境需求，生长速度极慢。

6. 老

“老”指因为富营养化、理化参数剧烈变化等因素，浮游生物过度繁殖、衰老及死亡，水色呈灰蓝、蓝绿或者深绿色，水体看上去有些黏稠感。

7. 病

“病”是“老”的更深一层次表现，水体表面漂浮大量油膜，以及由死亡的藻类、浮游生物等形成的水华，水色深绿，水体黏稠感增强。

8. 死

“死”即“一潭死水”，依据滋生藻类的不同，水体会呈现各种颜色和不同味道，但基本特点是黑绿且漂浮物和悬浮物极多，鱼类难以存活。

9. 应对策略之一

对于“瘦”水的改变方法是通过添加肥料等方式促进浮游生物生长进行调整，也就是通常所说的“人工肥水”。比如添加化肥、糠麸、腐熟的农家肥等，让浮游生物尽快生长起来，将瘦水变成肥水。对于“老”水和“死”水，则通过导入新水的方法，将“老”水进行稀释，降低氨氮、亚硝酸盐等不利于生长的水体参数值。

在水体的治理过程中，比较经常发生的一个现象是，当鱼病发生以后，因为养殖户急于治疗，投入了大量的杀菌剂或者其他除藻剂等，可能导致浮游生物和藻类在短时间内大量死亡，也会出现“倒水”现象，由“肥”水变成“老”水甚至是“病”水，鱼类则出现浮头或死亡现象。这种情况下，仍然需要通过灌注新水的方法进行解决。

10. 应对策略之二

除此之外，对于提高鱼苗成活率、水产养殖产量和养殖品质而言，还需要关注水体的大小。对于养殖水的水体而言，水体越小，受到环境的冲击会越大；水体自身的调控能力、生态恢复就会比较慢。根据前人的养殖经验和报道，水体在5～10亩是最合适的，水体比较容易保持稳定。

此外，水体的深浅也并非一成不变。通常在3—4月刚放鱼苗（水花时期）的时候，水体保持在1米左右比较合适。因为这个时候鱼苗比较小，水体透光度好，浮游生物多，既有利于提升水温，也有利于浮游生物饵料生长。当鱼长到10厘米大小，天气开始变热，水体可适当加深一些，达到1.5米左右。进入深秋，天气比较寒冷的情况下，为了保障鱼安全过冬，水体建议加深到2～3米。对于网箱虹鳟养殖而言，在水体质量不变的情况下，适当调整网箱深度，既可以提高养殖产量，也可以增加鱼类抗逆能力。

二、种

主要指种苗品质，投放的鱼种应该是规格整齐、体质健壮且无病毒或者细菌、寄生虫等病害携带。三倍体虹鳟的繁育技术相对要求比较高；国内三倍体虹鳟养殖最开始是从国外引进三倍体虹鳟发眼卵进行人工孵化。随着国内虹鳟养殖产量的提升，国内虹鳟的繁育技术也逐步取得了新突破，在黑龙江、甘肃、云南等地都相继出现了三倍体虹鳟育苗场。在三倍体虹鳟的繁育过程中，苗种的提纯选优尤为重要；如果不注意繁育亲本选择或者引进新的远缘亲本，可能会出现近亲杂交的现象，导致鱼种退化。而鱼种退化的两个重要表现是生长性状退化和抗病能力退化。

近年来，传染性造血器官坏死病和传染性肝胰腺坏死病等病毒性疾病的发病率呈现上升趋势，甚至对个别虹鳟苗种场造成了毁灭性打击。根据调研，曾经发生过病毒性疾病的育苗场，再次发生疫病的可能性相对较高。因此，选择正规的无疫病发生的育苗场、尽可能避免苗种带毒对于水产品的后期养殖具有重要意义。

三、饵

即饵料，包括不同时期虹鳟的饵料选择、投料方式等。虹鳟在不同的生长时期对饵料的选择要求是不同的，比如在幼年时期，饵料蛋白质含量要求相对低一点，而到接近成年时期饵料的蛋白质含量要求相对较高一些，以促进虹鳟的生长。虹鳟饵料最开始是从国外进口，价格相对较高。随着虹鳟在我国养殖产量的增加和国内学者对虹鳟营养需求的深入研究，国内现在已经有了针对不同生长阶段的虹鳟专用饵料，基本可以实现精细化投喂。

三倍体虹鳟属于生长比较快速的鱼类，投饵要尽可能做到科学化、精细化，要依据“四定”原则，实现定时、定点、定质、定量投喂。定质指对同一批虹鳟不要轻易更换饲料品牌；定量指应该依据虹鳟的生长周期，适时调整投喂量，确保虹鳟吃饱而不剩余，既提高养殖效率，又降低经济投入，还可防止水体受到残饵影响。简单的投喂原则是饵料应该在1.5小时内吃完，并且鱼类没有继续寻食迹象；复杂一点的是每隔1周抽检虹鳟体重，评估本周总体的鱼重量，按照2%～3%的体重量进行投喂。

四、密

养殖密度决定了养殖产量，适当提高养殖密度有利于提高养殖产量。但是养殖密度的提高同时会对水体环境造成巨大影响。根据试验，鲈鱼陆基养殖密度每立方米水体可以达到30千克以上，但对于水体的处理要求相对较高。

在户外开放水体，青海省虹鳟网箱养殖量在每立方米水体6千克左右，这种养殖量对水体的影响最小；在室内陆基养殖条件下，采取相关的技术措施水体处理得当，则可以达到每立方米20～40千克的产能。

五、混

即依据不同鱼种生活在不同水层的特点进行混合养殖。例如，鲢鱼和鳙鱼生活在水体上层，草鱼生活在水体中上层，而青鱼等喜欢生活在水体底层，通过混合养殖，既可以实现水体的充分利用，提高养殖产量，又可以利用不同鱼类的生活习性，实现抑藻、控螺等生物防控。虹鳟通常在冷水资源中养殖，藻类和浮游生物大量滋生的现象相对较少；此外，虹鳟在各个水层均可自由活动，因此单品种养殖相对较为常见。

六、轮

指捕大放小、轮捕轮放，利用时间差，将大规格鱼捕捞销售，留小规格鱼既可以增加生长空间，提高生长速度，为第二年捕大规格商品鱼奠定基础；同时也可以补充鱼苗，实现梯度式生长。这种养殖模式可以充分利用养殖水体，提高养殖产量。这种养殖模式对于草食性和滤食性鱼类是非常有效的；但对于肉食性和杂食性鱼类，如鲈鱼或者虹鳟则建议同批次养殖同批次出塘，以避免大吃小、大伤小的问题发生。

七、防

虹鳟的户外养殖要提防非生物因素、病害和天敌类生物因素。

1. 防非生物因素

非生物因素主要包括天气骤变、断电、饵料损坏、网箱破损、洪水等；也包括苗种因素、水体因素、人的因素、工具因素，甚至饲料因素等。

2. 防生物因素

病害生物因素主要是病毒、细菌、寄生虫、真菌等的携带、传播；天敌类生物因素则包括水蛇、乌龟、甲鱼、水老鼠以及鸟类；天敌类生物因素可能捕食、伤害养殖鱼类，尤其在鱼苗比较小的时候。生物类动物天敌，不仅会造成鱼苗量的减少，同时可能会造成鱼体损伤；当鱼体损伤以后，则进一步可能导致一系列的疾病，如水霉病、细菌病等。

八、管

“管”是建立在对前7个因素有相对了解的基础上的综合操作，是养鱼八字经的关键。“管”涉及所有养殖具体因素，包括养殖对象和养殖环境。随着时代的发展和进步，“管”也呈现出新的内涵，以前重点强调“人管物”；现在进一步延伸出“管人管物”。对于一个完善的现代化养殖企业，“管”不仅体现在饲养、巡塘等操作层面，更有员工的管理；合理的规章制度、共同的价值理念、员工的认可和投入程度等，都属于管的层次。而管理者的管理水平、管理能力和管理经验，往往体现在虹鳟养殖的产量和品质上。

第三章　虹鳟的结构和功能

第一节　外部结构和功能

虹鳟外部结构如图3-1所示。

图3-1　虹鳟外部结构

鳃盖：鱼鳃的保护器官，位于鱼的头部后部，用于保护鱼的鳃。

鳃：鱼呼吸器官，位于鱼的头部两侧，用于吸收水中的氧气。

鳞片：保护身体，感知生长环境；阻止微生物侵入机体；帮助鱼维持其体形。

体表黏液：阻止微生物侵入机体，抵抗疾病和感染；减少水流阻力，提高运动速度。

鳍：鱼的运动器官，包括胸鳍、腹鳍、背鳍、臀鳍和尾鳍等，用于控制鱼的游动方向和速度。

眼：鱼的视觉器官，用于感知周围环境和猎物。

嘴：鱼的摄食器官，用于捕食和进食。

侧线：鱼的感觉器官，位于鱼的侧面，用于感知周围水流和水压等信息。

肛门（泄殖孔）：鱼的排泄器官，包括肾脏、输尿管和泌尿孔等，用于排泄废物和调节水分平衡。

第二节　外部结构常见问题和症状

鳃盖：穿孔。

鳃：肿胀；变色；腐烂。

鳍：出血；腐烂；白点。

眼：白内障。

嘴：白嘴；腐烂。

侧线：出血。

肛门（泄殖孔）：肿胀；外凸。

体表：黏液增加；鳞片脱落；身体出血；不规则或规则腐烂；红色印迹等。

第三节 内部结构和功能

虹鳟内部结构如图3-2所示。

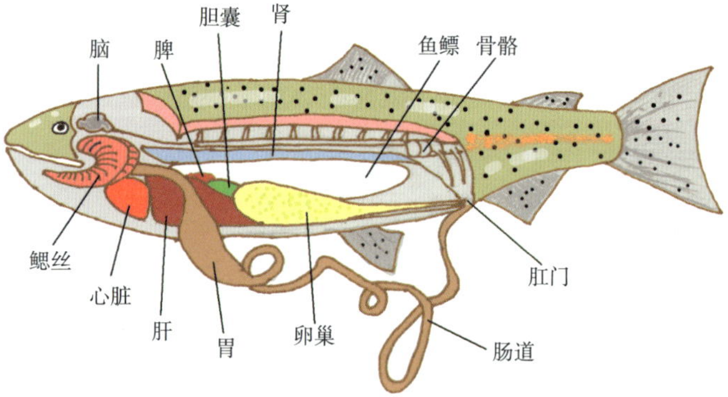

图3-2 虹鳟内部结构

虹鳟鱼的内部器官包括消化系统、呼吸系统、循环系统、泌尿系统、生殖系统等。

口：摄取食物的器官，包括口腔、口腔骨骼、牙齿等。

鳃：虹鳟鱼的呼吸器官，通过鳃膜吸收水中的氧气，同时将二氧化碳排出体外。

肠道：虹鳟鱼的消化器官之一，主要功能是将食物消化吸收，并排出体外。

肝：虹鳟鱼的消化器官之一，主要功能是合成和储存脂肪、蛋白质等营养物质，并分泌胆汁帮助消化。

胆囊：虹鳟的消化器官之一，主要功能是储存和排放胆汁，帮助消化脂肪。

胃：虹鳟的消化器官之一，主要功能是将食物储存和混合，并分泌胃液帮助消化。

肾：虹鳟的泌尿器官之一，主要功能是排泄废物和调节体内水分平衡。

生殖器官：虹鳟的生殖器官包括卵巢和精巢，主要功能是繁殖后代。

心脏：虹鳟的循环系统器官之一，主要功能是将氧气和营养物质输送到身体各个部位，并将二氧化碳和废物排出体外。

第四节　内部结构常见问题和症状

口腔：吻部发白。

肝：花肝；变色；肿大；出血；坏死。

胆囊：色深；内容物增多；膨胀。

胃：病情尚未见报道。

肠道：肿胀；糜烂；破损。

肾：色深；出血；坏死。

卵巢：组织病变。

心脏：少见报道。

第四章　疾病诊断的理论体系

第一节　诊断通论

“诊断”一词包含“诊”和“断”两个概念。

一、诊论

从字体结构看，“诊”字的结构包括“言”字旁和“㐱”（zhěn）字旁；“言”字旁的寓意明显，即通过张口说话、开口询问了解情况；“㐱”字旁的示意明确，康熙字典对“㐱”的解释为“（头）发细密”。《说文解字》对“诊”的本意解释为：“视也”，即通过检视发现问题。因此，“诊”的本质含义是通过问询、触摸、探查等方式了解基本情况和基本症状；而且“诊”字通过结构还暗示了一个“程度”的问题：“耐心、细心，不放过头发丝那么细小的问题”。现代医学常用词汇包括门诊、诊所、问诊、诊脉等。

从方式方法看，“诊”包含了“望闻问切”四个基本含义：先整体，后局部；先外表，后内部；不仅讲究整体观，而且由表及里，体现出系统化概念。“望”，即通过观察，考察表观特征，在看到病人的第一时间，已经开始对病人进行初步考察；“闻”即

“听”，听病人所陈述，好的医生在病人诉说过程中，是不会打断病人思维的，在对方充分的叙述中，抓住问题的核心要点；“问”是在“闻”之后，就关键问题进行问询，以清楚了解病人尚未详细论述的内容；“切”即“诊脉”，通过诊脉对内里问题进行考察，以作为对表面信息的补充及更加深入的机理探究。

二、断论

“断”则是在“诊”的基础上，综合各方面信息，对病情进行判断，最终找出导致该病的主要原因。

由此可见，病害的“诊断”是一个有体系、有步骤、系统化的操作过程，有一个从整体到局部、从宏观到微观的调研、分析的过程，且在此过程中既不能忽略整体变化，也不能忽略细微变化，方能在疾病发生的情况下做出正确判断。在虹鳟的病害防控过程中，如果仅仅依据一条鱼的症状就做出判断，可能因为忽略了养殖环境的变化，导致误判及疾病重发。因此，在遇到鱼病、特殊鱼情时，从多个角度、系统地进行排查，从“诊了没？如何诊？断了没？凭什么断？”的角度进行系统化考察，对疾病会有更好的了解和把握。

第二节 防治通论

“防治”一词也包含两层含义，即“防”和“治”。其中“防”是前提，“治”是措施，“防”重于“治”。一些疾病通过提前预防可以有效防范，“治”是病情发生之后不得已的挽救手段。从中华文化对“防治”的定义可以看出二者的区别并对养殖管理具有指导意义。

一、防论

“防”是汉语一级字，最早见于金文。本义为堤坝。引申为防卫、防止之义；由名词引申为动词，在边塞守卫领土；后引申为预备，抵御，事先阻止发生。“防”最早是名词“堤坝”的意思；这是一个静态而至动态的词汇，意味着通过构建牢固的堤坝从而实现防患于未然的目标；只要堤坝构筑得坚固，则可实现有效防控外敌入侵的目标，如“边防”“国防”等。后来“防”引申为动词，即“预备，抵御”。一个形象的例子，如万里长城，长城建好之后，对于抵御外敌打下坚固基础；但仅靠长城自身还不行，还要依托将士们的守护。因此，防的含义，一是构筑牢不可破的堤坝，二是加上人为防护。牢不可破的堤坝不仅包括对养殖过程中的工具、流程等注意防范，而且包括建章立制在内形成一系列规范的、完整的操作流程。当制度得以实施，当防范成为常态，“防”的本质概念就完成了。

二、治论

“治”，本意是“整治，整理”的意思；就疾病而已，是治疗的意思。“治”是一个动态而至静态的词汇，前提是“动作”，通过系列动作达到预期目标。其含义以动作为基础，如治酒（置办酒食）、治步（修整仪容，举止合乎法度）、治任（整理行装）、治行（整理行装）、治理。“治”的高一级阶段是“条理”，即通过“动作”最终达到“条理”的目的，如“天下大治”，即“天下太平”。

通过上述分析可以看出，“防”和“治”既有动词也有名词的含义。“防”是由静而动，“治”是由动而静。在鱼类养殖中，

"防"是"治"的基础和前提，通过良好的"防"，实现养殖的可控，就可以保持相对静态的管理；如果"防"失效，则鱼开始生病，此时就要靠"治"，"治"是不得已的手段，是"跑前跑后"的动态过程，只有"治"达到一定效果之后，才会重新回到开始的养殖状态，进入相对静的状态；如果"治"没能达到一定效果，则养殖损失就会比较惨重。由此可见，"防"做好以后，可以少很多混乱和慌乱，"治"是不得已的手段。

好的品种、好的管理胜过好的药物；病害防治在虹鳟养殖中尤为重要，也是鳟鱼养殖能否取得成功的关键所在。实践证明，通过严格防治和消毒，患传染性肝胰腺坏死病的病鱼存活率可达78.06%；而不消毒、不采取防控治疗措施的患病鱼存活率只有4%。

第三节　防控措施

一、养殖环境

1. 水泥池

苗种入池前，用生石灰或漂白粉对鱼池进行消毒，以杀死致病菌和有害微生物；按照每亩水面水深1米情况下用25～30千克生石灰撒水面消毒水体和池壁。

2. 土塘养殖

按照每亩水面水深1米情况下用25～30千克生石灰撒水面消毒水体和底泥；每个养殖周期之后，排干水后，每亩使用25千克漂白粉进行泼撒，翻晒塘泥；老旧池塘可采取种植作物一个周期，以消耗过量的底泥养料，防止富营养化；然后用同样量的生石灰撒塘底，翻晒消毒。经过10～15天，生石灰消解，可注入新水；放入新水时预防野杂鱼混入。

3. 清除野杂鱼和螺类

翻晒塘泥时，同时投放适量灭螺药物，以确保在一个养殖周期内将野杂鱼、螺类、河蚌类控制在最小范围之内。野杂鱼和螺类作为养殖危害物种，一是争夺饲料和生活空间；二是寄生虫等的病原中间宿主；三是部分野杂鱼对养殖鱼苗具有吞食、撕咬等危害性；此外，河蚌还是鳑鲏等的鱼卵携带者。

4. 养殖网箱

根据实际情况及时清洗网衣，保证箱内外水流正常交换；然后石灰水消毒，在太阳底下暴晒。

二、养殖水体

一是做好雨季防洪。

二是做好高温季节防缺氧工作。

三是做好上游杂质污染、生物污染处理工作。

四是流水网箱养殖要合理控制养殖密度，确保实现生态养殖。

五是池塘养殖同样要合理控制养殖密度，池水保持适宜的交换量，定期开展水质监测，避免水质恶化。

三、种苗问题（预防苗种带毒）

因为鲑科鱼类尤其是三倍体虹鳟繁育技术相对比较复杂，我国鲑科鱼类养殖种类，目前无论是引进种，还是土著种，有计划选育品种相对较少；因此，优良苗种相对难求。但随着国内虹鳟养殖产量的提升，市场需求度的提高，三倍体虹鳟国内良种培育也逐渐开始走上产业化道路。

加强水产苗种产地检疫工作是防止苗种带毒的根本性措施。苗种引入要选择有资质、有经验的苗种场，严格执行水产苗种引进申报审批制度，做到来源清楚可追溯；对苗种场而言，要严格执行水产苗种生产许可制度。疫区引种是件比较危险的事情。

四、幼苗入水管理

在产地检疫无问题后，苗种入池前需要过水适温并用2%浓度盐水浸泡10分钟左右，以防携带其他病原，如细菌和寄生虫等；也可以用高锰酸钾投入水体，预防水霉病发生。此外，为了降低生产成本，购买一些不合格的鱼苗或淘汰鱼苗，其抗病力差，比较容易感染疾病或死亡；如果有条件的情况下，可提前注射疫苗防控；也可以在饲料中添加一些药物（如维生素C、酵母发酵粉等）增强非特异性免疫力；在水体投放益生菌改良水质等（图4-1）。

图4-1　益生菌是水体看不见的保障

一龄虹鳟鱼容易暴发水霉病、传染性造血器官坏死病、黑头烂鳃肠炎等。对水霉病，加强水体消毒和入水前苗种消毒；对传染性造血器官坏死病目前只能做好产地检疫和防病毒携带；鱼苗期的黑头烂鳃肠炎多数由水体恶化、相关水体养殖参数失调所致。这种情况下，首先改良水质，确保多数鱼苗存活，再依据系统化病害诊断流程确定病因。

五、器具管理（预防交叉感染）

加强日常管理，做好养殖场的隔离、出入人员、车辆、运输工具、养殖工具等的消毒和登记记录。

虹鳟鱼养殖常用工具消毒非常重要。如果病鱼用过的工具不经过消毒而继续使用就会把病原体带入鱼池，引起继发感染。抄网、刷子、盆、桶、靴子等工具应该用消毒液定期浸泡。消毒液可采用盐水、高锰酸钾、一定浓度的福尔马林溶液等。此外，尤其注意外源病毒通过运输工具携带进入。

六、外源动物及死亡鱼类处理

在养殖过程中，如果有条件，网箱要加盖网衣，防止水鸟啄食鱼类，造成鱼类受伤；有条件情况下，可在塘边种植爬藤蔬菜，以减少鱼类在池塘边暴露风险，同时可减少鸟类粪便入塘。

尽量减少对养殖鱼类的人为刺激和干扰，要尽量细心操作，以防擦伤导致疾病发生。

病死鱼进行无害化处理，防止疫情扩散。无害化处理常用的方法是远离养殖环境进行深埋。远离养殖环境是指离开养殖水体至少10米以上，以防死鱼腐化的液体自行或者随水进入养殖水体；深埋指深度60厘米以上，以防野生动物食入，造成进一步污染。

七、科学投饵

投喂饲料时，坚持做到定时、定位、定量、定质的“四定”原则。

根据天气、水质和鱼体活动摄食情况灵活掌握投喂量。

目前虹鳟、金鳟、大西洋鲑养殖所用饵料有进口料，也有国产料，在养殖过程中，不轻易更换饵料品牌；不使用过期饵料。

饵料存放应防鼠患，防污染。

对于鲑鳟之外的可食草性鱼类，采用结合投喂青饲料的方法以降低养殖成本；青饲料上午先投，精饲料则在下午适当补充。

八、规范用药

对于细菌性疾病，通常泼洒（撒）或者拌料投喂3～5天，每天2次。对于体表寄生虫病，通常菊酯类效果良好。杀虫完之后，要再用杀菌剂消毒一遍，以防伤口感染。泼洒消毒时，可多加池塘水稀释，以防局部药物浓度过高。要避开阴雨天气，尤其大风、大雨天气；晴天鱼类活动较好。

疫病发生需要药物治疗时，对于国家明令禁止的水产养殖药物做到不用、不违规使用；可以用的药物，选用正规厂家生产的、符合国家标准的渔药，并按照说明书要求规范用药；同时注意休药期；违禁药物坚决不使用。

第四节　虹鳟常见疾病种类

随着国内外市场对虹鳟鱼需求量的提高和生态环保养殖的需要，高密度、集约化人工养殖成为虹鳟产业发展必不可少的养殖模式之一。作为国外普遍发展的虹鳟养殖产业，亩单产量最高可达6万千克以上。近年来，陆基养殖、网箱养殖、集装箱养殖等工厂化养殖模式发展迅速。然而，随着人工养殖及养殖密度的增加，虹鳟病害发病率也较为频繁，对虹鳟产业发展、虹鳟养殖企业造成巨大冲击和影响。虹鳟病害的及时、准确判断，对于病害早发现、早预防、早治疗具有重要意义。

与其他淡水鱼类病害情况相似，虹鳟常见病害也包括病毒性疾病、细菌性疾病、真菌性疾病、寄生虫病和内源性疾病多种，但又有别于其他物种和鱼类的独特特点。

一、病毒病

已经报道引起重大经济损失的常见病毒性疾病主要包括传染性造血器官坏死病、传染性胰腺坏死病、疱疹病毒病和病毒性出血败血症。其中，以传染性造血器官坏死病流行为主要病害。病毒性疾病是危害虹鳟比较严重的病害，与其他生物性病害相比，具有传染快、发病迅猛、死亡率高、难治疗的特点。

传染性造血器官坏死病和传染性胰腺坏死病相关的核酸疫苗也在研发之中；目前尚没有十分可靠的市场化治疗措施，主要依靠预防。流行病学调查显示，传染性造血器官坏死病发病呈逐年上升趋势；而已暴发过病毒性疾病的养殖场及其周边养殖场再次暴发疾病的概率较高，传播速度快，传染面较广。对此类疾病的临床症状表现描述基本为患病鱼腹部膨大、体表发黑、肛门拖淡黄色黏液便，解剖可见鳔壁、腹膜出血，胃胀气、膨大，以及明显的肠炎。

二、细菌病

已经报道的引起重大经济损失的常见细菌性疾病原主要包括

嗜鳃黄杆菌、鲁氏耶尔森菌、嗜水气单胞菌、维氏气单胞菌、杀鲑气单胞菌和荧光假单胞菌。其中，气单胞菌属的细菌造成的危害范围最广、最为严重，引起虹鳟烂鳃病、体表出血性溃疡病和疖疮病等。对杀鲑气单胞菌报道得相对较多。

对细菌类疾病的描述比对病毒类疾病的描述相对复杂，不同的细菌病描述不同，主要为鱼体表红色脓肿或溃烂、有类似打印病的浅色圆圈，挤压病灶有脓血流出（气单胞菌病）；病鱼食欲减退，常在水面附近缓慢游动，反应迟钝；轻症者鳃丝颜色变浅；鳃丝有出血点；重症者鳃丝溃烂不全（细菌性烂鳃）；病鱼食欲减退，离群独游，动作缓慢，严重时腹部膨胀，肛门红肿凸出；剖检可见肠壁肿胀充血，肠内无食物，严重时有脓液充盈（细菌性肠炎）。

三、真菌病

已经报道的引起重大经济损失的常见真菌性疾病主要为水霉病。水霉病在世界范围内分布，可导致鱼类大量死亡。该病主要是在运输、拉网等过程中鱼类应激和体表损伤所致；其次是养殖鱼类之间的打斗、撕咬造成的损伤所致。水霉病的主要症状为体表长有棉毛状菌丝。孔雀石绿是水霉病的有效治疗方法；自从孔雀石绿被禁用（2000年欧盟）以来，各种水霉属造成的死亡已导致全球的虹鳟养殖场遭受重大损失。目前可用的抗水霉病化合物稀少且疗效低下，使该病的治疗成为问题。在虹鳟所有疾病中，除弹状病毒病外，水霉病为虹鳟主要常见疾病，对虹鳟的生长、外观和水产品品质等造成重大影响。

四、寄生虫病

已经报道的引起重大经济损失的虹鳟常见寄生虫性病原主要

为：多子小瓜虫，另外，锚头鳋、中华鳋和三代虫也时见报道。常见的多子小瓜虫病情描述为：病鱼食欲减退，游动缓慢，反应迟钝，有时在池壁剐蹭；病鱼体表、鳍条、鳃丝等处有肉眼可见的白点；镜检可见具有马蹄形细胞核缓慢转动的小瓜虫体。

五、内源性疾病

非病原性疾病（内源性疾病）主要包括肝中毒、高温致死、投喂过量、缺氧、繁殖期死亡、脂肪肝病、鱼苗肠炎病等。其中，肝中毒常见描述为病鱼食欲减退，死亡率上升，体表无明显症状，剖检可见肝颜色较浅，呈粉红色、土黄色等；投喂过量致死症状为死亡个体腹部膨胀，但无腹水，胃内充满食物，体内外无病变等。

第五节　虹鳟常见病害及其症状描述方式存在的问题

通过上述分析可见，常见疾病的描述方式主要存在如下三方面问题。

一、疾病症状描述的非全面性

对疾病的描述多集中于其主要症状，而忽略了其他部位症状，由此可能漏掉疾病分辨的一些重要因素。病害的诊断往往具有时间性，过了最佳评判时间，病鱼的症状会发生变化；如果在观察时不能准确地抓住疾病之间的区分要素，则可能无法在关键时期判断疾病的类型。例如，气单胞菌属所导致的疾病主要性状比较类似，普遍出现鳃丝腐烂等，但不同细菌导致的症状之间会有差别。

二、疾病症状描述的无序性

部分报道描述体表颜色、体表症状等，但部分描述则忽略了这些症状，导致症状描述不统一。

三、疾病症状描述的局限性

从上述对疾病的描述可以看出，多数疾病症状描述主要集中于鱼体本身，主要为体表特征，部分包括了解剖特征；但多数疾病描述忽略了可能存在的养殖环境、群体特征等问题，导致出现治标不治本、无法根治等现象。

第六节　系统化诊断和标准化描述的必要性

一、系统化诊断的必要性

系统化诊断指结合养殖环境、养殖行为、鱼群状态、鱼体症状和解剖特点（如果需要的话）等进行综合判定。

鱼类养殖是个复杂的系统和过程，养殖环境是一个综合性、多生态位的复杂体系。在这个体系中，多种有益菌、寄生虫、病原菌、病毒等长期并存。很多病害的发生是条件致病性的，即该病原菌长期存在，但因为环境因素和鱼体健康因素，并不引发疾病；当环境变化、鱼体免疫力降低，才表现发病症状。

一种疾病的发生，有时候在个体出现明显问题之前，群体行为会有明显的变化，而依据群体特征判断，可能更早地发现疾病的苗头；等到鱼类出现严重症状时，则可能导致诊断不及时、治疗不及时问题的出现，造成不必要的损失。另外，疾病的发生，往往不仅限于鱼类自身，还与养殖环境和养殖模式密切相关；只关注鱼类个体病害的治疗，而不考虑环境因素，则可能导致病害重发、细菌耐药性增加等问题的发生。因此，单以鱼体症状进行病害判别具有一定的局限性；而结合养殖环境状况、养殖模式、鱼群状态、鱼体症状和解剖特点等进行综合判定，即系统化判断，将有助于更全面、准确地把握疾病的发生原因，协助病害判断以及后续治疗方案的确定。因此，系统化诊断是非常有必要的。

二、标准化描述的必要性

病害的症状描述是疾病判定的主要依据，症状描述是否清晰、准确，对于病害的判定具有先导性意义，尤其是对于远程诊断更具有重要意义。通过对养殖环境、养殖模式、养殖群体特征、养殖个体病害症状的系统化考察和描述，并在此过程中尽可能使用相对统一的标准化词汇，有助于不同人员之间更好地理解和沟通。这将不仅有助于全面了解病情，同时有助于及时、准确地诊断和治疗。因此，标准化、规范式的场景考察和描述是非常必要的。

第七节　虹鳟病害“四级八标”系统化诊断方法

基于以上思路，依据虹鳟常见病害及其症状，汇总设计了虹鳟“四级八标”病害诊断方法，以提高虹鳟病害诊断的效率。“四级八标”病害诊断方法，包含了“八外”“八群”“八体”“八内”共32项指标，体现了系统诊断思路，从而确保病害诊断过程中不会漏掉重要信息，提高诊断的准确性和效率。

一、八外

“八外”指八个影响鱼类生长的外部（养殖环境）主要特点，主要包括天气突变、水体参数、鱼种来源、外源物种、特殊时期、饵料、投喂方式和潜在污染（表4-1）。这八个主要特点概括了天气情况、水体环境（主要是水温、溶氧）、鱼种状态、外源病害、养殖模式等影响鱼类生长的主要因素。例如，当突降暴雨等天气突变时，可能会导致水体上下水层剧烈交换，引起底部淤泥中硫化氢等的短期大量释放，则鱼类可能出现缺氧、中毒等症状；如果水体富营养化，则可能因此导致藻类大量滋生，出现水华现象，进而出现倒藻问题，鱼类则可能表现为中毒症状，甚至引起大量死亡。再如，青海省连续3年在龙羊峡库区的泄洪，因为水体融入大量空气和泥沙，导致鱼群出现气泡病，出现重大规格虹鳟大量死亡，造成毁灭性损失；对水体的提前预判将有助于提早发现问题，提早预防。

表4-1　“八外”判别

序号	判断指标	说明	可能的症状
1	天气突变	暴雨、大风等	倒水、暴藻
2	水体参数	水温、溶解氧、酸碱度、氨氮、亚硝酸盐是否不足或超标（过高、过低或突变）	非细菌性病害伴生细菌性病害
3	鱼种来源	鱼种是否未经检疫	带毒、带虫
4	外源物种	是否有未经检疫的动植物及排泄物进入养殖水体	带毒、带虫
5	特殊时期	养殖鱼类是否处于特殊时期（如繁殖期）	撕咬损伤
6	饵料	是否营养成分比例不佳或变质	采食及肝变化

续表

序号	判断指标	说明	可能的症状
7	投喂方式	投喂是否过量或不及	肠道充盈或无食物
8	潜在污染	串联用水，水体杂质，生物或非生物污染	异物、异味、携带病原体等

二、八群

“八群”指鱼类可能出现的八个常见群体性特征，主要包括拒食、浮头、迟缓、呆滞、散群、乱窜、游边和剐蹭（表4-2）。群体性特征是个体特征的集合，当群体出现异常行为时，则显示环境因素的重大变化；此外，鱼类群体中存在免疫能力强和弱的个体区别，若出现偏离群体正常行为的个体，即对个体进行考察，从而能够做到早发现、早预防和早治疗。群体行为的描述，尽可能使用相对统一的标准化词汇，有助于理解沟通和准确诊断。

表4-2　“八群”判别

序号	表现	可能的因素
1	拒食	多种因素：生物、非生物因素（包括采食量降低）
2	浮头	呼吸困难：生物、非生物因素
3	迟缓	多种因素：生物、非生物因素（运动缓慢）
4	呆滞	多种因素：生物、非生物因素（反应迟钝）
5	散群	多种因素：生物、非生物因素（包括垂直游动）
6	乱窜	多见于寄生虫
7	游边	多见于细菌、寄生虫
8	剐蹭	多见于寄生虫

三、八体

“八体”指鱼类可能出现的身体表观八个常见特征判别，主要包括体色、体表、腹部、各鳍、鳞片、鳃丝、肛门、眼球（表4-3）。这也是目前大多数症状描述比较关注的重点。在以往对疾病集中于腹部膨胀与否、各鳍状态、鳃丝状态、肛门状态等的描述基础上，补充体色、体表、鳞片、眼球状态等信息，就能使得描述统一、系统化。例如，对细菌类疾病而言，体表黏液、眼球状态也是重要的参考指标。

表4-3　“八体”判别

序号	表现	可能的症状
1	体色	正常、黑色
2	体表	充血、溃烂、异物附着、脊柱弯曲
3	腹部	塌陷、膨胀
4	各鳍	有无残缺或溃烂
5	鳞片	炸起、脱落
6	鳃丝	颜色、黏液、附着物
7	肛门	红肿、凸出、拖便、挤压喷射
8	眼球	混浊、凸起、血点

四、八内

“八内”指八个内脏常见主要判别特征，主要包括体腔、肠道、肝、胆囊、鱼鳔、胰腺、肾、脾。这也是目前大多数症状描述比较关注的重点，但因为缺乏系统化、标准化描述方法，导致对疾病的描述往往集中于体腔内容物、肠道肿胀与否、肝状态、胆囊状态等，而对鱼鳔、胰腺、肾、脾等信息描述较少。例如，对传染性肝胰腺坏死病而言，鱼鳔、胰腺状态也是重要的参考指标（表4-4）。

表4-4 “八内”判别

序号	表现	可能的因素
1	体腔	有积液、黏液、表面出血
2	肠道	充血、肿胀、溃烂、寄生虫
3	肝	颜色、大小、斑点、镜检空泡
4	胆囊	颜色、大小、充盈程度
5	鱼鳔	颜色、大小、充血
6	胰腺	颜色、大小、充血、镜检空泡
7	肾	颜色、大小、充血
8	脾	颜色、大小、充血、镜检空泡

为了更方便地进行疾病判别，针对上述“四级八标”法结合养殖实践和目前报道的虹鳟常见病害症状，设计了病害速查对应表（附录五），有助于养殖户直观、快速、全面确定基本症状，为专业人员尤其是远程病害诊断人员对病害的早期发现和防控奠定了基础。

五、存在的问题及可能的应用

鉴于虹鳟鱼类不同个体的差异性、鱼类不同发病时期的差异性、鱼类不同生长时期的差异性和目前文献对症状描述的局限性等因素，本书仅能对虹鳟常见病害的可能主要特征进行系统化描述，尚存在一定的局限性。例如，同样是细菌性疾病，鱼类幼苗期的症状表现和成鱼期症状表现可能会存在差异；而患病时期的不同也会影响鱼类的症状表现，如患病初期和患病末期症状可能会不同；而感染度的不同也会导致鱼类不同的症状表现，如低剂量细菌感染可能未必导致肠炎发生，但高剂量细菌感染则导致严重的肠炎以及后期的败血症等症状。这些内容有待于后期进一步的补充和完善。

本诊断系统从防大于治、早发现、早预防、早治疗的角度，从养殖环境、群体特征、体表特征、解剖特征等4个层面，每个层面设置了8项指标，合计32项指标，对虹鳟常见病害进行了环境和个体特征归类判断，对于虹鳟病害的及时、准确判断具有重要意义；同时，对于虹鳟病害的系统化诊断、标准化描述具有参考价值；此外，虹鳟病害的系统化诊断和标准化描述也为虹鳟病害的数字化、智慧化和远程化诊断奠定基础。

实际应用中，一方面，虹鳟养殖者和（远程）诊断专家可依据《虹鳟病害“四级八标”系统化诊断速查对应表》开展速查和远程诊断，初步确定已经出现和可能出现的病害；另一方面，设计诊断软件，养殖者和诊断专家利用手机输入症状信息，由软件自动推送初步诊断结果，作为病害诊断参考。有条件的情况下，则可依据初步诊断结果，结合分子、细胞等技术确定最终诊断结果。

第五章　虹鳟常见病害的中西药治疗方案

第一节　细菌性疾病

一、治疗通论

细菌性疾病有些共同的特点就是外观损伤，如烂鳃、赤鳍、烂鳍、肠炎，以及后期的出血性败血症等。这一类疾病在西药方面可以采用水产专用抗生素类药物治疗。小规模的可以采用硫酸铜溶液浸泡、二氧化氯进行水体消毒（0.15毫克/升，连用2天）；大批量的治疗则采用拌料投喂的方式。

对于肠炎类，发病后可以每千克体重用20毫克大蒜素或0.1克三黄粉等药物拌料投喂，可根据病情及使用说明书调控剂量。

对西药类，通常每千克体重，用200～300毫克恩诺沙星（水产用），连用5～7天，或10～15毫克氟苯尼考（水产用），连用3～5天，或40毫克多西环素（水产用）拌料投喂，每天1次，连用3～5天，休药期750度日①（参考青海省地方标准DB63/T 2003—2021《虹鳟鱼病防治技术规范》）。

---

①　参见附录二中对度日的解释说明。

二、西药使用注意事项

大多数西药类要特别注意休药期，恩诺沙星休药期为500度日；氟苯尼考休药期为375度日。各类西药的休药期参见附录三和附录四。

大多数西药类最好单独使用，避免与其他药物混用；避免与含阳离子（如Mg^{2+}、Ca^{2+}、Fe^{2+}、Zn^{2+}、Al^{3+}）的物质混用；避免与四环素、氟苯尼考等有拮抗作用的药物混用。

第二节　水霉病

水霉病以预防为主，在养殖过程中尽可能避免鱼体受伤，避免体表感染；水霉病尚无特别有效的治疗方法。

对于少量患病鱼体采用2%食盐和0.1%小苏打浸泡30分钟，每天1次，连续2～3天可改善症状；对大量养殖鱼体，用复方甲霜灵粉（每亩150克，兑水30千克）水溶后全池泼洒，休药期240度日（参考青海省地方标准DB63/T 2003—2021《虹鳟鱼病防治技术规范》）。

第三节　小瓜虫病

小瓜虫病低温、缺少光照时容易发生，当水温高于30℃时不会发生小瓜虫病。因此，冬季越冬的鱼较容易感染该病。小瓜虫病治疗困难且容易复发。

一、中草药

有报道通过辣椒、生姜、五倍子、荆芥4种中草药合剂治疗大西洋鲑幼鱼感染的多子小瓜虫病。与其他药物相比，幼鱼治愈率在95%以上。中草药的优点是来源广泛，价格低廉、无毒副作用、治愈率高、既不会污染大西洋鲑幼鱼的养殖水体，也不会给其他水体带来污染，有利于提高大西洋鲑的商品品质。

二、西药方面

每立方米水体使用0.075毫升氰戊菊酯溶液（水产用）稀释，投饵时直接泼洒1次，每次连续泼洒0.5小时；病情严重可隔日重复使用1次；休药期为500度日（参考青海省地方标准DB63/T 2003—2021《虹鳟鱼病防治技术规范》）。

第四节　内源性疾病

一、肝中毒

水质恶化，亚硝酸盐等有毒物质超标或饲料变质等可能引起肝中毒。该病以预防为主，保证饲料质量和养殖水质。若由饲料变质引起，应立即更换健康饲料，并用肝胆康、维生素E等护肝药物拌料投喂；若由水质恶化引起，应立即换水改善水质。

二、投喂过量致死

投喂过量致死主要是饥饿数天突然足量投喂及突然更换饲料品牌所致，主要原因是管理模式不当。防治方法是更改饲料品牌或者型号时，应予以实验性投喂，并且不超过原投喂量；如果是因为疾病治疗停食后复喂，应按照先少量投喂，并逐渐增加的原则投喂。如果发现伴有肠炎症状，则拌料大蒜素进行防护和治疗。

三、脂肪肝

虹鳟脂肪肝基本与饲料和营养有关。原因主要有饲料中缺少必需营养成分，包括ω-3和ω-6族脂肪酸、缺乏维生素E、胆碱及抗氧化剂等；还有一个重要因素是氧化脂肪毒害，如投喂新鲜度差的饲料鱼或质量差的鱼粉。

四、鱼苗肠炎

肠炎对鱼苗危害很大，常可造成鱼苗大批死亡。虹鳟鱼苗在上浮开始摄食人工饵料后，一直到20克左右，是肠炎高发期。主要原因有饲料质量差（包括使用变质的原料）；池塘清污不及时（尤其在3～6厘米阶段，要每天要清洗鱼池）；投喂量过大，肝胆系统负担过重，引起消化不良和肠炎。鱼苗投喂应严格按照“四定”原则：每天定时定点喂5～6次，每次间隔2小时；投喂量要根据采食情况和水质情况，以体重2%～3%的比例进行投喂。鱼苗肠炎可用肠炎停（0.5%添加量）治疗，连用2～3天。平时每15天以0.3%添加量拌饵投喂1次，可起到预防效果。

第五节　外源性疾病

虹鳟为冷水性鱼类，相对喜欢安静。当气温变动较大、雷雨天气剧烈变化时，易出现强应激情况。鱼体处于强应激下易躁动不安导致发病和死亡。这种情况下死亡的病鱼解剖大多可发现肝出血或发白，胆囊充盈但透明。

在易发生剧烈天气变化或者雷雨天气的养殖场，在冲击来临之前，酌情拌料使用多糖、维生素C等抗应激药物会在一定程度上改善上述症状。

第六章　传染性造血器官坏死病专论

第一节　弹状坏死病毒及其危害特点

传染性造血器官坏死病病毒（IHNV）属于弹状病毒科、粒外弹状病毒属。同属水生动物的常见弹状病毒还有牙鲆弹状病毒（HRV）、病毒性出血性败血症病毒（VHSV），以及鳢弹状病毒（SRV）。该科病毒的寄生宿主很广，遍布动物界，昆虫、变温动物和温血脊椎动物以及水生生物均可成为其宿主（图6-1）。

图6-1　弹状病毒寄生宿主广泛

鱼类感染弹状病毒后，可导致肾和脾的造血组织发生致命性坏死，疾病暴发可导致高达90%以上的死亡率，具体死亡率取决于不同宿主、不同病毒和不同环境因素。部分弹状病毒在鱼体幼小时不发病，在长到50～100克时才大规模暴发，会对养殖场形成毁灭性打击；弹状病毒目前尚没有可靠的治疗措施，基本依赖于预防，目前已经成为发展虹鳟孵化场、育苗场、养殖场和网箱养殖的重大障碍。

第二节　弹状病毒的宏观结构与机体内分布

弹状病毒科的病毒粒子形态似棒状或子弹状（图6-2）。"Rhabdo"系来自希腊文的"Rhabdos"，意为杆状。病毒粒的大小为（130～380）纳米×70纳米，核壳外层具脂蛋白包膜，膜上有糖蛋白突起。核心为螺旋对称的核壳，内含单股负链RNA。核衣壳为二十面体对称结构。

图6-2　弹状病毒

病毒入侵细胞后，在细胞质内增殖，指导宿主细胞合成其所需的核酸、蛋白质外壳和壳表面的糖蛋白突起，完成组装后在细胞表面以凸起、出芽等方式释放。

IHNV在鱼机体内的靶点主要是造血组织细胞脾、肝等，大量繁殖时引起造血器官功能障碍及坏死；其在细胞内复制溢出细胞后，可通过水体、接触、携带、无脊椎动物等进行水平传播，也可以通过受感染的鱼卵进行垂直传播，故称为传染性造血器官坏死病病毒。

因为其可以通过水体传播，并在机体内大量溢出，在实际研究中，IHNV可以从病鱼的几乎所有部位分离到，例如，消化系统中的口、咽、食道、胃、肠等；运动系统如肌肉、软骨等；内分泌和免疫系统如胸腺、胰腺、体表黏液等；排泄系统如肾等；生殖系统如卵巢、卵巢液和卵泡等；但其冲击力最大、破坏最大的是造血器官，如肝、脾等。

第三节　弹状病毒的内部结构与基因功能

一、内部结构

弹状病毒内部结构如图6-3和图6-4所示。

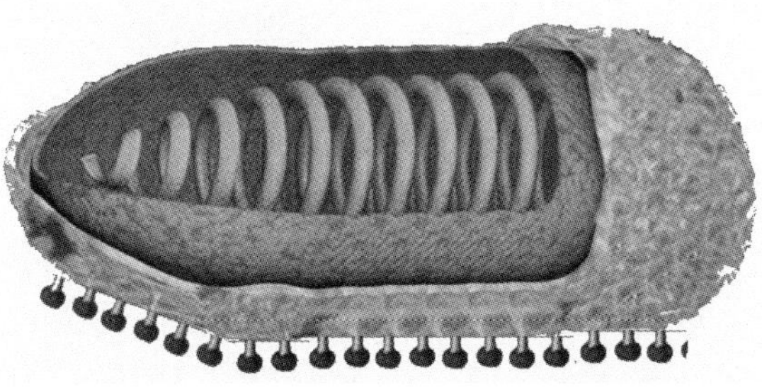

图6-3　弹状病毒内部结构示意（仿电镜视野）

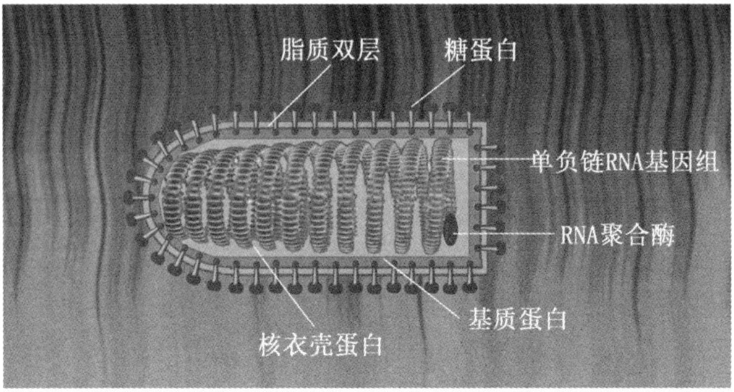

图6-4　弹状病毒各部分名称

IHNV是一种负链单链RNA病毒结构。具有约11 000个碱基的单链负义RNA基因组，其中包含6个基因（图6-5）。按顺序编码6种蛋白质，分别为核衣壳蛋白、聚合酶相关磷酸蛋白、基质蛋白、表面糖蛋白、RNA聚合酶蛋白和非结构蛋白。病毒感染宿主细胞时，由病毒粒内的RNA多聚酶转录成mRNA，mRNA翻译成相关病毒组装所需要的各类蛋白质。IHNV基因组序列的GenBank中登录号为L40883。

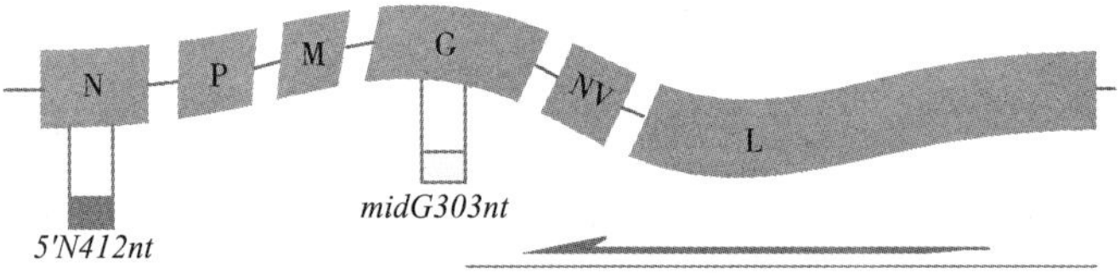

图6-5　IHNV基因分布

二、基因分型

IHNV主要通过G基因和N基因进行基因型分类。G基因长约1 610个核苷酸，编码包膜病毒颗粒外表面的唯一蛋白质，在G基因中间有303个核苷酸是可变区域，IHNV标准基因分型就是通过该序列来完成的，称为“*midG*”。每个不同的*midG*序列被称为“基因型”，任何具有相同*midG*序列的病毒分离物都将归入该基因型。另一个用于分型的区域是病毒N基因的开头，它编码将病毒RNA包裹在每个病毒颗粒内的核衣壳蛋白。

三、生理生化特点

鱼体组织（如肝、脾、脑等）的匀浆液4℃保存条件下，IHNV可保存2～6周；而在冷冻干燥样品中（匀浆液或10%血清），IHNV活力不受影响，且不受冷冻和解冻处理过程影响。IHNV最适病变温度为15～20℃；可在虹鳟鱼类细胞系中繁育，如虹鳟性腺细胞和大马哈鱼性腺细胞，甚至鲤鱼上皮瘤细胞（EPC，ATCC crl-2872；ATCC为美国模式培养物集存库；世界动物卫生组织推荐的敏感细胞系为EPC和FHM，FHM是胖头鲹肌肉细胞系，一种类似于麦穗鱼的鲤形目鲤科小型鱼类）。IHNV代表株是WRAC株（ATCC VR-1392）。

第四节　传染性造血器官坏死病的历史与现状

传染性造血器官坏死病的发展史如图6-6所示。

1945年，该病首次在美国的华盛顿州和俄勒冈州的孵化场暴发。

1960年，该病传到欧洲。

1968年，该病从美国阿拉斯加传入日本北海道。

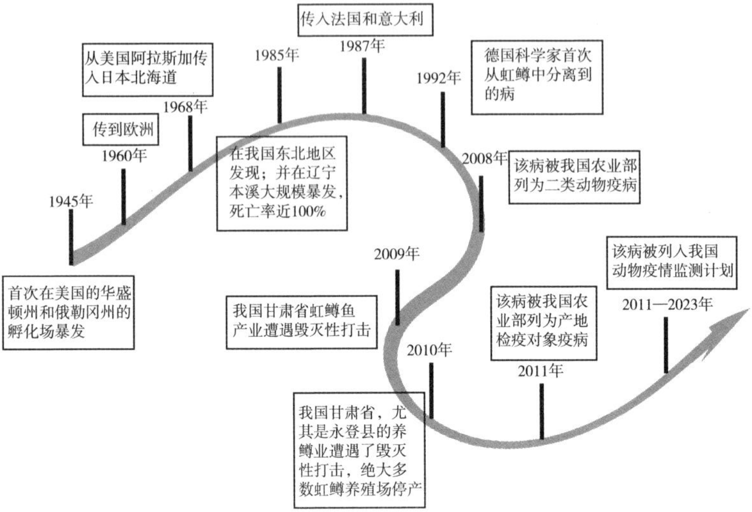

图6–6　传染性造血器官坏死病的发展历史

1985年，在我国东北地区被发现；并在辽宁本溪大规模暴发，死亡率近100%。

1987年，该病传入法国和意大利。

1992年，德国科学家首次从虹鳟中分离到该病的病毒。

2008年11月，我国农业部发布的《一、二、三类动物疫病病种名录》中，IHN被列为二类动物疫病（2022年农业农村部公告第573号发布的《一、二、三类动物疫病病种名录》该病仍被列为二类动物疫病）。

2009年，因从外省引进携带IHNV的发眼卵，使得传染性造血器官坏死病在我国甘肃省暴发性流行，对甘肃省虹鳟鱼产业造成毁灭性打击。

2010年，我国甘肃省鳟鱼养殖产量仅为722吨，较2008年的

1 312吨减少45%，尤其对永登县的养鳟业造成了毁灭性打击，导致绝大多数虹鳟养殖场停产。

2011年，我国农业部《鱼类产地检疫规程（试行）》将其列入产地检疫对象疫病。

2011—2023年，该病被列入我国动物疫情监测计划。

世界动物卫生组织将其列为必须申报的动物疫病。近10年欧洲向世界动物卫生组织报告传染性造血器官坏死病的次数最多，其中芬兰在2017—2022年共报告41次。

第五节　传染性造血器官坏死病的流行特点

一、传播途径

IHNV可通过粪便、尿液和黏液等水平传播。鱼类之间的传播主要通过直接接触被病毒污染的水或与感染IHNV的鱼共生而水平传播。投喂被污染的饲料也会引起该病暴发。也有IHNV通过携带病毒亲鱼的精液或者鱼卵垂直传播的报道，鲑鱼虱充当机械而不是生物载体或储存库。

二、IHNV毒力与温度的关系

影响IHNV毒力最重要的环境因素是温度。水温在10～12℃是IHNV容易发病的温度，15℃以上不发病（在实验室培养条件下，其指数生长期是18℃）。因此，IHNV流行季节通常为春季和秋季；加强春秋季病毒防护对于预防该病的大规模暴发具有重要意义。研究表明，温度会影响病鱼存活时间。这可能与病鱼对环境的适应能力改变有关。

三、IHNV毒力与养殖密度的关系

研究表明，IHNV暴发与养殖密度有密切关系。研究人员首先按照每升8条、4条、0.63条、0.31条、0.16条、0.08条或0.012条的7种密度（即每立方米分别为8 000条、4 000条、630条、310条、80条、12条）设置虹鳟幼苗养殖试验，然后各放入一条被IHNV感染的供体鱼，共养11天，宿主密度和IHNV患病率在两个最低密度（0.08条/升和0.012条/升）下与病毒未发现呈正相关（$r^2=0.89$，回归分析）；表明宿主密度是决定IHNV感染发生率和程度的关键因素。

四、IHNV毒力与鱼龄的关系

IHNV的易感性具有明显的个体差异，其中幼鱼和产卵期鱼属于易感群体。几种鲑科鱼类的幼苗阶段均为IHNV的高易感期，雌鱼群产卵期属于高度易感时期，且在排出的性腺产物包括卵巢、卵巢液和卵泡中均可能含有大量病毒。研究表明，IHNV的主要入侵点是鱼鳍基部，或者鱼鳃以及体表；在IHNV流行的群体中，幼鱼和繁殖期鱼类免疫力相对较低，推测发病的主要原因可能是免疫力降低。因此，在该病流行季节来临之前，采取适当的增强鱼类免疫力药物投喂（如拌料投喂酵母免疫多糖、酵母培养物、黄芪多糖等）等措施，可在一定程度上防止鱼类暴发传染性造血器官坏死病。

第六节　传染性造血器官坏死病的防治

传染性造血器官坏死病属于我国农业农村部《鱼类产地检疫规程》产地检疫对象疫病，也是世界动物卫生组织列为必须申报的动

物疫病。该病早在2011年即被列入我国动物疫情监测计划。因此，如果发现疑似传染性造血器官坏死病，首先不要惊慌；第一时间向当地水生动物疫病预防控制机构或水产技术推广机构报告，并采取相应措施。

现已知IHNV不耐热，不耐酸，且对乙醚和脂溶剂敏感，但对低温和冻融稳定。由此可知，从防控的角度而言，暴晒、酸性消毒剂、脂溶性消毒剂均可对其实现有效杀灭。

一、IHNV的检测

1. 检测试剂盒

目前已经有成熟的各种类型IHNV检测试剂盒，如基于RT-PCR荧光探针法的检测试剂盒、基于荧光定量PCR的FQ-PCR试剂盒、基于RAA恒温荧光检测方法等。就产地而言，有进口试剂盒和国产试剂盒等。

2. 传染性造血器官坏死病标准化诊断

传染性造血器官坏死病标准化诊断还可参考世界动物卫生组织《水生动物诊断试验手册》和我国国家标准GB/T 15805.2—2017《传染性造血器官坏死病诊断规程》等；另外，有些地方标准也可以参考，如青海省地方标准DB63/T 2003—2021《虹鳟鱼病防治技术规范》等。

二、防控

1. 养殖环境常规防控措施

隔离：包括人员流动和鱼类流动。

病死鱼处理：一是留样冻存；二是其他死鱼采取远离养殖水体深埋法。

工具消毒：通过暴晒法及消毒剂法等处理养殖水体、网箱及捕捞工具。

饲料中添加免疫增强剂、维生素C以及杀菌消毒药物如大黄等，以防引起继发感染。

水体氨氮、亚硝酸盐、溶解氧等保持正常状态，以免因为死鱼腐烂导致继发性疾病。

2. 疫苗方面

目前该病尚无统一可行的疫苗治疗方法。该病DNA疫苗仅被加拿大食品检验局批准使用，在欧洲和美国均未得到批准。国内在该病核酸疫苗方面做了大量工作。近期黑龙江水产研究所研制的“表达虹鳟传染性造血器官坏死病毒G基因重组质粒核酸疫苗”获得农业转基因生物安全证书［农基安证字（2022）第094号］；据报道，该核酸疫苗实验室保护率可达90%以上、田间相对保护率达88%以上。

3. 从源头抓起仍然是目前该病防控的主要措施

鱼卵先用0.9%生理盐水清洗1遍，再用聚维酮碘溶液消毒10～15分钟。其间保持聚维酮碘的有效浓度在100.0毫克/升，当溶液颜色变淡时及时更换消毒液。在消毒过程中，用碳酸氢钠调节pH值在6～8。孵化过程中及时收集卵壳，经过消毒处理后方可丢弃。卵的孵化和鱼苗饲养均需要使用无病原水。无病原水可采用紫外线或臭氧消毒获得；如果上游有发病渔场，应尤其注意水源病原问题。对养殖户而言，购买经水产苗种产地检疫合格的苗种尤为重要。

4. 治疗

传染性造血器官坏死病目前仍然以预防为主，尚没有彻底的治疗方案。据报道，对于养殖鱼群中出现传染性胰腺坏死病（一般死亡率高达95%以上）时，立即采用5克/米^{3}漂白粉，对养殖水体进行消毒，持续时间35～45分钟。待鱼群病症缓解后，饲料补充维生素B_1和维生素C，可提高存活率至78%左右，传染性造血器官坏死病的防治可参考。

第七节　在线数据库

MEAP-IHNV是太平洋鲑鱼IHNV在线数据库，其收录了1 000多株IHNV现场分离株的背景信息和基因测序数据，包含每个病毒分离物的所有可用序列数据。该数据库大约每年更新一次，侧重于从1966年至今在整个北美西部收集的IHNV分离株。该数据库还包括少量来自俄罗斯东部的IHNV分离株。据该数据库统计，IHNV只有1种血清型，包含5种基因型（E、U、M、L和JRt）。

北美IHNV野外分离株的流行病学调查表明，IHNV在当地主要包括3个遗传亚群，依据其在北美地理范围的上部、中部和下部的分布特点，分别命名为U、M和L（MEAP-IHNV）。由于IHNV巨大的经济影响，在北美西部大多数养殖鲑鱼种群中产卵的成鱼和幼鱼需定期接受IHNV调查，98%的红鲑IHNV分离株属于U基因型，86%的虹鳟和虹鳟分离株属于M基因型。这些表明，IHNV的不同基因亚型之间是具有宿主特异性差异的。

附录一　黄省曾的《种鱼经》第三篇：三之江海诸品原文

江海之产，有鲟、鳇之鱼。其长丈余，鼻端有肉，骨四分身之一，两颊之肉谓之鹿头，可以为鲜。鲟肉之色白，鳇肉之色黄。广州谓之鲟龙之鱼，云类龙而无角。

有鲈鱼，惟松江者四腮也，口而细鳞。身有黑文。非江海之产，则二腮矣。秋仲由海而入江，可以作鲙。有二种，曰脆鲈，曰烂鲈。

有鳓鱼，腹下之骨如锯，可勒，故名。出与石首同时，海人以冰养之，而鬻于诸郡，谓之冰鲜。

有鲳鱼，身广而头锐，细鳞而软骨，出于海。

有石首之鱼，鲵也，首有小石，故名。其色如金，俗名黄鱼，楝花而来，秋而化凫，其初出水也，龙鸣，夜视则有光，盐晒为鳙，则曰白鲞。闽人谓之金鳞，又谓之黄瓜。

有白鱼，太湖之白鱼冠天下。梅后十有五日入时，于时白鱼最盛，谓之时裹白。

有鳊鱼，缩项穹脊，而细鳞博腹，其味腴，其色青白，即鲂鱼也。古称汉水槎头之鳊，吴之太湖亦甚佳矣。

有银鱼，其形纤细，明莹如银。太湖之人多鳙以鬻焉。长者不过三寸。

有鲥鱼，盛于四月，鳞白如银。其味甘腴，多骨而速腐。广州谓之三鯬之鱼。大者长数尺，春末有之。

有鲙残之鱼，状如银鱼而大。冬月带子者，谓之挨冰啸。

有鮆鱼，狭薄而首大，长者盈尺，其形如刀，俗呼为刀鲚。初春而出于湖。亦呼为刀鱼。

有鲒子鱼，其生也带子。

有鳜鱼，巨口而细鳞，肉味鲜美，背黑有斑。昔仙人刘凭常食，乡之人犹有桂之呼焉

有鲫鱼，即鲋鱼也。此鱼旅行，“鲫”者相即、“鲋”者相附也，至冬而味美。

有鰕虎之鱼，类土附而腮红，若虎，善食虾，俗谓之新妇之鱼。

有土附之鱼，似黑鲤而短小，首大而身小，附土而行，不似它鱼浮水，故名。

有鲙鱼，其色黄，又谓之黄颊。有针口之鱼，首戴针芒，身长五六寸，土人多取为鱐。

有河豚之鱼，出于江海，有大毒，能杀人，无颊无鳞，与口目能开阖，能作声，是鳞中之毒品也。凡烹调也，腹之子、目之精、脊之血，必尽弃之。洎二皮、肉、肝之有斑，眼之赤，肝之独包，钳之一异，俱不可食。凡洗宜极净，煮宜极熟，治之不中度，不熟，则毒于人。中其毒者，水调槐花末、或龙脑水、或至宝丹、或橄榄子，皆可解也。友诸荆芥等风药，服风药而食之者即死。《物类相感志》：“以荆芥煮其子，候如芡大，易荆芥，再煮至复小，乃可食。”苏文定公辙尝记吴人丁骘食河豚而死，以为世戒。杨礼部家僮三人入肆，共食河豚，皆即死。江南惟称江阴所烹调者

为良。予在金陵，毛鸿胪飨予，出之曰："乃江阴某官所遗也。"予曰："江阴之人偶不中度，将何如？岂可信也？某不敢以不赀之躯，试可谢之物。"毛公即命撤去。此品决不可食，倘遇它氏宴会馔此，亦必禁谢不食，乃为珍玉其身者。斑鱼似河豚而小，食者虽无恙，然亦是其种类，并绝之可也。

附录二　常用渔药概念

1. 休药期

指停止给药日至水产品上市出售的间隔时间段。有些药物的休药期较长，而且不同鱼体或者鱼种休药期也有差别，应特别注意；严格按照休药期安排，宁长勿短。

2. 度日

温度乘以天数的值。例如，500度日是指水温20℃的情况下，停药期需要25天；10℃的情况下停药期需要50天；而实际上温度每天都有变化，而且部分养殖地区早晚温差较大，在这种情况下，通常取一个地区一个阶段的平均气温。一般的药物500度日即可视为代谢完毕，而像违禁药物孔雀石绿可终生携带并累积。

3. 渔药使用标准

渔药使用符合农业农村部新版《水产养殖用药明白纸2022年1、2号》及NY 5071—2002《无公害食品　渔用药物使用准则》文件要求，提倡生态综合防治和使用生物制剂、中草药类药物防治鱼类病害。

4. 抗生素

很多种类的抗生素在水产上是禁止使用的，具体可参考已出版的《水产中草药资源调查及其抑菌效果评价》（徐民俊，2020）及本书附录内容。抗生素主要用于治疗养殖过程中出现的细菌性疾病。在应用过程中，应注意按剂量要求使用；同时可搭配保肝产品，以防肝损伤。

5. 天然植物类药物

无休药期。天然植物的具体杀菌效果可参考已出版的《水产中草药资源调查及其抑菌效果评价》（徐民俊，2020）。

附录三　水产养殖用药明白纸

为加强水产养殖用兽药及其他投入品的监督管理，提升水产品食品安全，保障水产养殖规范用药，提高规范用药水平，农业农村部渔业渔政管理局会同中国水产科学研究院、全国水产技术推广总站等单位，于2022年11月发布最新版《水产养殖用药明白纸2022年1、2号》（以下简称《明白纸》），该版本替代了《水产养殖用药明白纸2020年1、2号》。按照以往规律，如果没有重大变动，2022年新版《明白纸》将至少持续生效到2025年，直到需要做重大调整时出现新的版本进行替代。

一、新旧版《明白纸》变动分析

2022年新版《明白纸》与2020年相比，在西药抗菌药领域增加了1种新药“盐酸环丙沙星盐酸小檗碱预混剂”；在中药领域剔除“五味常青颗粒”；激素类药领域中新增“鲑鱼促性腺激素释放激素类似物”；在“水产养殖食用动物中停止使用的兽药”中删除“非泼罗尼及相关制剂”；并新增“地西泮等畜禽用兽药在我国均未经审查批准用于水产动物，在水产养殖过程中不得使用”的禁用说明；此外，将水产养殖规范用药中的“六个不用”前两条“一不用禁用药品”和“二不用停用兽药”合并为一条“一不用禁停用药物”，增加“六不用未批准的水产养殖用兽药”。

二、新版《明白纸》规定的各类水产养殖药物

1. 水产养殖食用动物中禁止使用的药品及其他化合物清单（附表3-1）

附表3-1　水产养殖食用动物中禁止使用的药品及其他化合物清单

序号	中文名称	依据
1	酒石酸锑钾	农业农村部公告第250号
2	β-兴奋剂类及其盐、酯	
3	汞制剂：醋酸汞、硝酸亚汞、吡啶基醋酸汞	
4	毒杀芬（氯化烯）	
5	卡巴氧及其盐、酯	
6	呋喃丹（克百威） 氯化亚汞（甘汞）	
7	氯霉素及其盐、酯	
8	杀虫脒（克死螨）	
9	氨苯砜	
10	硝基呋喃类：呋喃西林、呋喃妥因、呋喃它酮、呋喃唑酮、呋喃苯烯酸钠	
11	林丹	
12	孔雀石绿	
13	类固醇激素：醋酸美仑孕酮、甲基睾丸酮、群勃龙（去甲雄三烯醇酮）、玉米赤霉醇	
14	安眠酮	
15	硝呋烯腙	

续表

序号	中文名称	依据
16	五氯酚酸钠	农业农村部公告第250号
17	硝基咪唑类：洛硝达唑、替硝唑	
18	硝基酚钠	
19	己二烯雌酚、己烯雌酚、己烷雌酚及其盐、酯	
20	锥虫砷胺	
21	万古霉素及其盐、酯	

2. 食品动物中停止使用的兽药（附表3-2）

附表3-2　食品动物中停止使用的兽药

序号	名称	依据
1	洛美沙星、培氟沙星、氧氟沙星、诺氟沙星4种兽药的原料药的各种盐、酯及其各种制剂	农业部公告第2292号
2	噬菌蛭弧菌微生态制剂（生物制菌王）	农业部公告第2294号
3	喹乙醇、氨苯砷酸、洛克沙胂3种兽药的原料药及各种制剂	农业部公告第2638号

注：与2020年版本相比，新版本删除了非泼罗尼及相关制剂。

3. 已批准的水产养殖用抗生素（附表3-3）

附表3-3　已批准的水产养殖用抗生素

序号	名称	依据	休药期
1	甲砜霉素粉	A	500度日
2	氟苯尼考粉	A	375度日

续表

序号	名称	依据	休药期
3	氟苯尼考注射液	A	375度日
4	氟甲喹粉	B	175度日
5	恩诺沙星粉（水产用）	B	500度日
6	盐酸多西环素粉（水产用）	B	750度日
7	维生素C磷酸酯镁盐酸环丙沙星预混剂	B	500度日
8	盐酸环丙沙星盐酸小檗碱预混剂	B	500度日
9	硫酸新霉素粉（水产用）	B	500度日
10	磺胺间甲氧嘧啶钠粉（水产用）	B	500度日
11	复方磺胺嘧啶粉（水产用）	B	500度日
12	复方磺胺二甲嘧啶粉（水产用）	B	500度日
13	复方磺胺甲噁唑粉（水产用）	B	500度日

注：所有抗生素类药物均为兽用处方药，需凭借执业兽医开具的处方购买和使用。A为《中华人民共和国兽药典》2020年版，B为《兽药质量标准》2017年版，下同。

4. 已批准的水产养殖用驱虫和杀虫药（附表3-4）

附表3-4　已批准的水产养殖用驱虫和杀虫药

序号	名称	类别	依据	休药期
14	复方甲苯咪唑粉	处方药	A	150度日
15	甲苯咪唑溶液（水产用）		B	500度日
16	地克珠利预混剂（水产用）		B	500度日
17	阿苯达唑粉（水产用）		B	500度日

续表

序号	名称	类别	依据	休药期
18	吡喹酮预混剂（水产用）		B	500度日
19	辛硫磷溶液（水产用）	处方药	B	500度日
20	敌百虫溶液（水产用）	处方药	B	500度日
21	精制敌百虫粉（水产用）	处方药	B	500度日
22	盐酸氯苯胍粉（水产用）		B	500度日
23	氯硝柳胺粉（水产用）		B	500度日
24	硫酸锌粉（水产用）		B	未规定
25	硫酸锌三氯异氰脲酸粉（水产用）		B	未规定
26	硫酸铜硫酸亚铁粉（水产用）		B	未规定
27	氰戊菊酯溶液（水产用）	处方药	B	500度日
28	溴氰菊酯溶液（水产用）	处方药	B	500度日
29	高效氯氰菊酯溶液（水产用）	处方药	B	500度日

注：标注处方药的杀虫剂，需凭借执业兽医开具的处方购买和使用。

5. 已批准的水产养殖用抗真菌药（附表3-5）

附表3-5　已批准的水产养殖用抗真菌药

序号	名称	依据	休药期
30	复方甲霜灵粉	C2505	240度日

注：C为农业部公告，下同。C2505为农业部公告2505号。

6. 已批准的水产养殖用消毒剂（附表3-6）

附表3-6　已批准的水产养殖用消毒剂

序号	名称	依据	休药期
31	三氯异氰脲酸粉	B	未规定
32	三氯异氰脲酸粉（水产用）	B	未规定
33	浓戊二醛溶液（水产用）	B	未规定
34	稀戊二醛溶液（水产用）	B	未规定
35	戊二醛苯扎溴铵溶液（水产用）	B	未规定
36	次氯酸钠溶液（水产用）	B	未规定
37	过碳酸钠（水产用）	B	未规定
38	过硼酸钠粉（水产用）	B	虾0日
39	过氧化钙粉（水产用）	B	未规定
40	过氧化氢溶液（水产用）	B	未规定
41	含氯石灰（水产用）	B	未规定
42	苯扎溴铵溶液（水产用）	B	未规定
43	癸甲溴铵碘复合溶液	B	未规定
44	高碘酸钠溶液（水产用）	B	未规定
45	蛋氨酸碘粉	B	虾0日
46	蛋氨酸碘溶液	B	鱼、虾0日
47	硫代硫酸钠粉（水产用）	B	未规定
48	硫酸铝钾粉（水产用）	B	未规定
49	碘附（Ⅰ）	B	未规定
50	复合碘溶液（水产用）	B	未规定

续表

序号	名称	依据	休药期
51	溴氯海因粉（水产用）	B	未规定
52	聚维酮碘溶液（Ⅱ）	B	未规定
53	聚维酮碘溶液（水产用）	B	500度日
54	复合亚氯酸钠粉	C2236	0度日
55	过硫酸氢钾复合物粉	C2357	未规定

注：与2020年版本相比，新版本的33浓戊二醛溶液（原35号）、34稀戊二醛溶液（原34号）、35戊二醛苯扎溴铵溶液（原33号）顺序进行了调整，增加了55过硫酸氢钾复合物粉。

7. 已批准的水产养殖用中药材和中成药（附表3-7）

附表3-7　已批准的水产养殖用中药材和中成药

序号	名称	依据	休药期
56	大黄末	A	未规定
57	大黄芩鱼散	A	未规定
58	虾蟹脱壳促长散	A	未规定
59	穿梅三黄散	A	未规定
60	蚌毒灵散	A	未规定
61	七味板蓝根散	B	未规定
62	大黄末（水产用）	B	未规定
63	大黄解毒散	B	未规定
64	大黄芩蓝散	B	未规定
65	大黄侧柏叶合剂	B	未规定

续表

序号	名称	依据	休药期
66	大黄五倍子散	B	未规定
67	三黄散（水产用）	B	未规定
68	山青五黄散	B	未规定
69	川楝陈皮散	B	未规定
70	六味地黄散（水产用）	B	未规定
71	六味黄龙散	B	未规定
72	双黄白头翁散	B	未规定
73	双黄苦参散	B	未规定
74	五倍子末	B	未规定
75	石知散（水产用）	B	未规定
76	龙胆泻肝散（水产用）	B	未规定
77	加减消黄散（水产用）	B	未规定
78	百部贯众散	B	未规定
79	地锦草末	B	未规定
80	地锦鹤草散	B	未规定
81	芪参散	B	未规定
82	驱虫散（水产用）	B	未规定
83	苍术香连散（水产用）	B	未规定
84	扶正解毒散（水产用）	B	未规定
85	肝胆利康散	B	未规定
86	连翘解毒散	B	未规定

续表

序号	名称	依据	休药期
87	板黄散	B	未规定
88	板蓝根末	B	未规定
89	板蓝根大黄散	B	未规定
90	青莲散	B	未规定
91	青连白贯散	B	未规定
92	青板黄柏散	B	未规定
93	苦参末	B	未规定
94	虎黄合剂	B	未规定
95	虾康颗粒	B	未规定
96	柴黄益肝散	B	未规定
97	根莲解毒散	B	未规定
98	清健散	B	未规定
99	清热散（水产用）	B	未规定
100	脱壳促长散	B	未规定
101	黄连解毒散（水产用）	B	未规定
102	黄芪多糖粉	B	未规定
103	银翘板蓝根散	B	未规定
104	雷丸槟榔散	B	未规定
105	蒲甘散	B	未规定
106	博落回散	C2374	未规定
107	银黄可溶性粉	C2415	未规定

注：与2020年版本相比，新版本删除了75五味常青颗粒，增加了87板黄散和88板蓝根末。

8. 已批准的水产养殖用生物制品（附表3-8）

附表3-8　已批准的水产养殖用生物制品

序号	名称	依据
108	草鱼出血病灭活疫苗	A
109	草鱼出血病活疫苗（GCHV-892株）	B
110	牙鲆鱼溶藻弧菌、鳗弧菌、迟缓爱德华菌病多联抗独特型抗体疫苗	B
111	嗜水气单胞菌败血症灭活疫苗	B
112	鱼虹彩病毒病灭活疫苗	C2152
113	大菱鲆迟钝爱德华氏菌活疫苗（EIBAV1株）	C2270
114	大菱鲆鳗弧菌基因工程活疫苗（MVAV6203株）	D158
115	鳜鱼传染性脾肾坏死病灭活疫苗（NH0618株）	D253

注：D为农业农村部公告，下同。

9. 已批准的水产养殖用维生素类药物（附表3-9）

附表3-9　已批准的水产养殖用维生素类药物

序号	名称	依据	休药期
116	亚硫酸氢钠甲萘醌粉（水产用）	B	未规定
117	维生素C钠粉（水产用）	B	未规定

10. 已批准的水产养殖用激素类药物（附表3-10）

附表3-10　已批准的水产养殖用激素类药物

序号	名称	依据	休药期
118	注射用促黄体素释放激素A_2	B	未规定

续表

序号	名称	依据	休药期
119	注射用促黄体素释放激素A_3	B	未规定
120	注射用复方鲑鱼促性腺激素释放激素类似物	B	未规定
121	注射用复方绒促性素A型（水产用）	B	未规定
122	注射用复方绒促性素B型（水产用）	B	未规定
123	注射用绒促性素（I）	B	未规定
124	鲑鱼促性腺激素释放激素类似物	D520	未规定

注：与2020年版本相比，新版本新增了124鲑鱼促性腺激素释放激素类似物。

11. 已批准的水产养殖用其他类药物（附表3-11）

附表3-11　已批准的水产养殖用其他类药物

序号	名称	依据	休药期
125	多潘立酮注射液	B	未规定
126	盐酸甜菜碱预混剂（水产用）	B	0度日

12. 水产养殖规范用药“六个不用”

一不用禁停用药物；二不用假劣兽药；三不用原料药；四不用人用药；五不用化学农药；六不用未批准的水产养殖用兽药。

三、水产养殖用兽药详细说明

水产养殖用兽药详细说明信息查看二维码如附图3-1所示。

附图3-1　水产养殖用兽药详细说明二维码

四、禁用假、劣兽药相关法律法规相关条款

《兽药管理条例》第三十九条　禁止使用假、劣兽药以及国务院兽医行政管理部门规定禁止使用的药品和其他化合物。

《兽药管理条例》第四十一条　禁止将原料药直接添加到饲料及动物饮用水中或者直接饲喂动物，禁止将人用药品用于动物。

《农药管理条例》第三十五条　严禁使用农药毒鱼、虾、鸟、兽等。

依据《中华人民共和国农产品质量安全法》《兽药管理条例》等有关规定，地西泮等畜禽用兽药在我国均未经审查批准用于水产动物，在水产养殖过程中不得使用。

1. 兽药定义

《兽药管理条例》第七十二条　兽药，是指用于预防、治疗、诊断动物疾病或者有目的地调节动物生理机能的物质（含药物饲料添加剂），主要包括：血清制品、疫苗、诊断制品、微生态制品、中药材、中成药、化学药品、抗生素、生化药品、放射性药品及外用杀虫剂、消毒剂等。

2. 假药定义及按假药认定的相关规定

《兽药管理条例》第四十七条　有下列情形之一的，为假兽药：

（一）以非兽药冒充兽药或者以他种兽药冒充此种兽药的；

（二）兽药所含成分的种类、名称与兽药国家标准不符合的。

有下列情形之一的，按照假兽药处理：

（一）国务院兽药行政管理部门规定禁止使用的；

（二）依照本条例规定应当经审查批准而未经审查批准即生产、进口的，或者依照本条例规定应当经抽查检验、审查核对而未经抽查检验、审查核对即销售、进口的；

（三）变质的；

（四）被污染的；

（五）所标明的适应证或者功能主治超出规定范围的。

3. 劣药定义及按假药认定的相关规定

《兽药管理条例》第四十八条　有下列情形之一的，为劣兽药：

（一）成分含量不符合兽药国家标准或者不标明有效成分的；

（二）不标明或者更改有效期或者超过有效期的；

（三）不标明或者更改产品批号的；

（四）其他不符合兽药国家标准，但不属于假兽药的。

4. 预防虚假宣传

建议养殖者不要盲目听信部分药厂的推销和宣传。凡是称其产品为用于预防、治疗、诊断水产养殖动物疾病或者有目的地调节水产养殖动物生理机能的物质，必须有农业农村部核发的兽药产品批准文号（或进口兽药注册证号）和二维码标识。没有批号或未赋二维码的，依法应按照假、劣兽药处理。

水产养殖生产者应依法做好用药记录，使用有休药期规定的兽药必须遵守休药期。一旦发现假、劣兽药，应立即向当地农业农村（畜牧兽医）主管部门举报，杜绝购买使用假、劣兽药。

5. 水产养殖用兽药查询办法

可通过中国兽药信息网（www.ivdc.org.cn）“国家兽药基础数据”中“兽药产品批准文号数据”，以及“国家兽药综合查询App”手机软件（附图3-2）等方式查询。

苹果版扫描下载　　安卓版扫描下载

附图3-2　国家兽药综合查询App下载方式

附录四　NY 5071—2002《无公害食品　渔用药物使用准则》解读

NY 5071—2002《无公害食品　渔用药物使用准则》渔用药物使用标准由中华人民共和国农业部提出，归口全国水产标准化技术委员会。标准起草单位是中国水产科学研究院珠江水产研究所、上海水产大学、广东出入境检验检疫局。主要起草人为邹为民、杨先乐、姜兰、吴淑勤、宜齐、吴建丽。由农业部于2002年7月25日发布，2002年9月1日实施，目前依然有效。

该标准是在NY 5071—2001《无公害食品　渔用药物使用准则》基础上进行修订的版本，并替代NY 5071—2001标准。在该修订版本中，将原标准中的附录进行了合并和修改，并对相关内容进行了调整、修改与补充。

该标准规定了渔用药物使用的基本原则、渔用药物的使用方法以及禁用渔药；适用于水产增养殖中的健康管理及病害控制过程中的渔药使用。

一、术语和定义

渔用药物：用以预防、控制和治疗水产动植物的病、虫、害，促进养殖品种健康生长，增强机体抗病能力以及改善养殖水体质量的一切物质，简称“渔药”。

生物源渔药：直接利用生物活体或生物代谢过程中产生的具有生物活性的物质或从生物体提取的物质作为防治水产动物病害的渔药。

渔用生物制品：应用天然或人工改造的微生物、寄生虫、生物毒素或生物组织及其代谢产物为原材料，采用生物学、分子生物学或生物化学等相关技术制成的、用于预防、诊断和治疗水产动物传染病和其他有关疾病的生物制剂。它的效价或安全性应采用生物学方法检定并有严格的可靠性。

休药期：最后停止给药日至水产品作为食品上市出售的最短时间。

二、渔用药物使用基本原则

（1）渔用药物的使用应以不危害人类健康和不破坏水域生态环境为基本原则。

（2）水生动植物增养殖过程中对病虫害的防治，坚持“以防为主，防治结合”。

（3）渔药的使用应严格遵循国家和有关部门的有关规定，严禁生产、销售和使用未经取得生产许可证、批准文号与没有生产执行标准的渔药。

（4）积极鼓励研制、生产和使用“三效”（高效、速效、长效）、“三小”（毒性小、副作用小、用量小）的渔药，提倡使用水产专用渔药、生物源渔药和渔用生物制品。

（5）病害发生时应对症用药，防止滥用渔药与盲目增大用药量或增加用药次数、延长用药时间。

（6）食用鱼上市前，应有相应的休药期。休药期的长短，应确保上市水产品的药物残留限量符合NY 5070要求。

（7）水产饲料中药物的添加应符合NY 5072要求，不得选用国家规定禁止使用的药物或添加剂，也不得在饲料中长期添加抗菌药物。

三、渔用药物使用方法

各类渔用药使用方法见附表4-1。

四、禁用渔药

（1）严禁使用高毒、高残留或具有三致毒性（致癌、致畸、致突变）的渔药。

（2）严禁使用对水域环境有严重破坏而又难以修复的渔药。

（3）严禁直接向养殖水域泼洒抗生素。

（4）严禁将新近开发的人用新药作为渔药的主要或次要成分。

禁用渔药见附表4-2。

附表4-1　渔用药物使用方法

渔药名称	用途	用法与用量	休药期	注意事项
氧化钙（生石灰）	用于改善池塘环境，清除敌害生物及预防部分细菌性鱼病	带水清塘：200～250毫克/升（虾类350～400毫克/升） 池塘泼洒：20～25毫克/升（虾类15～30毫克/升）		不能与漂白粉、有机氯、重金属盐、有机络合物混用
漂白粉	用于清塘、改善池塘环境及防治细菌性皮肤病、烂鳃病、出血病	带水清塘：20毫克/升 全池泼洒：1.0～1.5毫克/升	≥5天	1. 勿用金属容器盛装 2. 勿与酸、铵盐、生石灰混用
二氯异氰尿酸钠	用于清塘及防治细菌性皮肤溃疡病、烂鳃病、出血病	全池泼洒：0.3～0.6毫克/升	≥10天	勿用金属容器盛装
三氯异氰尿酸	用于清塘及防治细菌性皮肤溃疡病、烂鳃病、出血病	全池泼洒：0.2～0.5毫克/升	≥10天	1. 勿用金属容器盛装 2. 针对不同的鱼类和水体的pH值，使用量应适当增减
二氧化氯	用于防治细菌性皮肤病、烂鳃病、出血病	浸浴：20～40毫克/升，5～10分钟全池泼洒：0.1～0.2毫克/升，严重时0.3～0.6毫克/升	≥10天	1. 勿用金属容器盛装 2. 勿与其他消毒剂混用
二溴海因	用于防治细菌性和病毒性疾病	全池泼洒：0.2～0.3毫克/升		
氯化钠（食盐）	用于防治细菌、真菌或寄生虫疾病	浸浴1%～3%，5～20分钟		
硫酸铜（蓝矾、胆矾、石胆）	用于治疗纤毛虫、鞭毛虫等寄生性原虫病	浸浴：8毫克/升（海水鱼类8～10毫克/升），15～30分钟 全池泼洒：0.5～0.7毫克/升（海水鱼类：0.7～1.0毫克/升）		1. 常与硫酸亚铁合用 2. 广东鲂慎用 3. 勿用金属容器盛装 4. 使用后注意池塘增氧 5. 不宜用于治疗小瓜虫病

续表

渔药名称	用途	用法与用量	休药期	注意事项
硫酸亚铁 （硫酸低铁、绿矾、青矾）	用于治疗纤毛虫、鞭毛虫等寄生性原虫病	全池泼洒：0.2毫克/升 （与硫酸铜合用）		1. 治疗寄生性原虫病时需与硫酸铜合用 2. 乌鳢慎用
高锰酸钾 （锰酸钾、灰锰氧、锰强灰）	用于杀灭锚头鳋	浸浴：10～20毫克/升，15～30分钟 全池泼洒：4～7毫克/升		1. 水中有机物含量高时药效降低 2. 不宜在强烈阳光下使用
四烷基季铵盐络合碘 （季铵盐含量为50%）	对病毒、细菌、纤毛虫、藻类有杀灭作用	全池泼洒：0.3毫克/升L （虾类相同）		1. 勿与碱性物质同时使用 2. 勿与阴性离子表面活性剂使混用 3. 使用后注意池塘增氧 4. 勿用金属容器盛装
大蒜	用于防治细菌性肠炎	拌饵投喂：连用4～6天 （海水鱼类相同）		
大蒜素粉 （含大蒜素10%）	用于防治细菌性肠炎	每千克体重0.2克，连用4～6天（海水鱼类相同）		
大黄	用于防治细菌性肠炎、烂鳃	全池泼洒：2.5～4.0毫克/升 （海水鱼类相同） 拌饵投喂：每千克体重5～10克，连用4～6天（海水鱼类相同）		投喂时常与黄芩、黄柏合用（三者比例为5：2：3）
黄芩	用于防治细菌性肠炎、烂鳃、赤皮、出血病	拌饵投喂：每千克体重2～4克，连用4～6天 （海水鱼类相同）		投喂时需与大黄、黄柏合用（三者比例为2：5：3）

续表

渔药名称	用途	用法与用量	休药期	注意事项
黄柏	用于防治细菌性肠炎、出血	拌饵投喂：每千克体重3～6克，连用4～6天（海水鱼类相同）		投喂时需与大黄、黄芩合用（三者比例为3：5：2）
五倍子	用于防治细菌性烂鳃、赤皮、白皮、疖疮	全池泼洒：2～4毫克/升（海水鱼类相同）		
穿心莲	用于防治细菌性肠炎、烂鳃、赤皮	全池泼洒：15～20毫克/升 拌饵投喂：每千克体重10～20克，连用4～6天		
苦参	用于防治细菌性肠炎，竖鳞病	全池泼洒：1.0～1.5毫克/升 拌饵投喂：每千克体重1～2克，连用4～6天		
土霉素	用于治疗肠炎病、弧菌病	拌饵投喂：每千克体重50～80毫克，连用4～6天（海水鱼类相同） 虾类每千克体重50～80毫克，连用5～10天	≥30天（鳗鲡） ≥21天（鲇鱼）	勿与铝、镁离子及卤素、碳酸氢钠、凝胶合用
噁喹酸	用于治疗细菌性肠炎病、赤鳍病，香鱼、对虾弧菌病，鲈鱼结节病，鲱鱼疖疮病	拌饵投喂：每千克体重10～30毫克，连用5～7天（海水鱼类每千克体重1～20毫克；对虾每千克体重6～60毫克，连用5天）	≥25天（鳗鲡） ≥25天（鲤鱼、香鱼） ≥16天（其他鱼类）	用药量视不同的疾病有所增减

续表

渔药名称	用途	用法与用量	休药期	注意事项
磺胺嘧啶 （磺胺哒嗪）	用于治疗鲤科鱼类的赤皮病、肠炎病、海水鱼链球菌病	拌饵投喂：每千克体重100毫克，连用5天 （海水鱼类相同）		1. 与甲氧苄氨嘧啶（TMP）同用，产生增效作用 2. 第一天药量加倍
磺胺甲恶唑 （新诺明、新明磺）	用于治疗鲤科鱼类的肠炎病	拌饵投喂：每千克体重连用5～7天	≥30天	1. 不能与酸性药物同用 2. 与甲氧苄氨嘧啶（TMP）同用，产生增效作用 3. 第一天药量加倍
磺胺间甲氧苄氨嘧啶 （制菌磺、磺胺-6-甲氧苄氨嘧啶）	用于治疗鲤科鱼类的竖鳞病、赤皮病及弧菌病	拌饵投喂：每千克体重50～100毫克，连用4～6天	≥37天 （鳗鲡）	1. 与甲氧苄氨嘧啶（TMP）同用，可产生增效作用 2. 第一天药量加倍
氟苯尼考	用于治疗鳗鲡爱德华氏病、赤鳍病	拌饵投喂：每天每千克体重10毫克，连用4～6天	≥7天 （鳗鲡）	
聚维酮碘 （聚乙烯吡咯烷酮碘、皮维碘、PVP-I、伏碘） （有效碘1.0%）	用于防治细菌性烂鳃病、弧菌病、鳗鲡红头病；并可用于预防病毒病，如草鱼出血病、传染性胰腺坏死病、传染性造血组织坏死病、病毒性出血败血症	全池泼洒：海、淡水幼鱼幼虾0.2～0.5毫克/升； 海、淡水成鱼成虾1～2毫克/升 浸浴草鱼种30毫克/升，15～20分钟 鱼卵30～50毫克/升（海水鱼卵25～30毫克/升），5～15分钟		1. 勿与金属物品接触 2. 勿与季铵盐类消毒剂直接混合使用

附表4–2　禁用渔药

序号	药物名称	化学名称（组成）	别名
1	阿伏帕星		阿伏霉素
2	醋酸汞	醋酸汞	
3	地虫硫磷	O-2基-S苯基二硫代磷酸乙酯	大风雷
4	滴滴涕	2, 2-双（双氯苯基）-1, 1, 1-三氯乙烷	
5	毒杀芬	八氯莰烯	氯化莰烯
6	呋喃丹	2, 3-二氢-2, 2-二甲基-7-苯并呋喃基-甲基氨基甲酸酯	克百威、大扶农
7	呋喃那斯	6-羟甲基-2［-（5-硝基-2-呋喃基乙烯基）］吡啶	P-7138（实验名）
8	呋喃西林	5-硝基呋喃醛缩氨基脲	呋喃新
9	呋喃唑酮	3-（5-硝基糠叉胺基）-2-噁唑烷酮	痢特灵
10	氟氯氰菊酯	α-氰基-3-苯氧基-4-氟苄基（1R,3R）-3-（2, 2-二氯乙烯基-2, 2-二甲基环丙烷羧酸酯	百树菊酯、百树得
11	氟氰戊菊酯	（R,S）-α-氰基-3-苯氧苄基-（R,S）-2-（4-二氟甲氧基）-3-甲基丁酸酯	保好江乌 氟氰菊酯
12	甘汞	二氯化汞	
13	杆菌肽锌	由枯草杆菌*Bacillus subtilis*或*B. leicheniformis*产生的抗生素	枯草菌肽
14	红霉素	属微生物合成，是*Streptomyces eyythreus*产生的抗生素	
15	环丙沙星	为合成的第三代喹诺酮类抗菌药，常用盐酸盐水合物	环丙氟哌酸

续表

序号	药物名称	化学名称（组成）	别名
16	磺胺脒	N_1-脒基磺胺	磺胺胍
17	磺胺噻唑	2-（对氨基苯磺酰胺）-噻唑	消治龙
18	己烯雌酚	人工合成的非甾体雌激（包括雌二醇等其他类似合成等雌性激素）	乙烯雌酚、人造求偶素
19	甲基睾丸酮	睾丸素C_{17}的甲基衍生物（包括丙酸睾丸素、去氢甲睾酮以及同化物等雄性激素）	甲睾酮甲基睾酮
20	酒石酸锑钾	酒石酸锑钾	
21	孔雀石绿	$C_{23}H_{25}ClN_2$	碱性绿、盐基块绿、孔雀绿
22	喹乙醇	喹乙醇	喹酰胺醇羟乙喹氧
23	林丹	γ-1, 2, 3, 4, 5, 6-六氯环己烷	丙体六六六
24	六六六	1, 2, 3, 4, 5, 6-六氯环己烷	
25	氯霉素	由委内瑞拉链霉素产生或合成法制成（包括其盐、酯及制剂）	
26	杀虫脒	N-（2-甲基-4-氯苯基）N',N'-二甲基甲脒盐酸盐	克死螨
27	双甲脒	1, 5-双-（2, 4-二甲基苯基）-3-甲基-1, 3, 5-三氮戊二烯-1, 4	二甲苯胺脒
28	速达肥	5-苯硫基-2-苯并咪唑	苯硫哒唑氨甲基甲酯
29	泰乐菌素	*S. fradiae*所产生的抗生素	

续表

序号	药物名称	化学名称（组成）	别名
30	五氯酚钠	五氯酚钠	
31	硝酸亚汞	硝酸亚汞	
32	锥虫胂胺		

附录五　虹鳟病害“四级八标”系统化诊断速查对应表

类别	表现	病毒病		细菌病							真菌病	寄生虫病		营养性疾病	
		传染性造血器官坏死病	传染性胰腺坏死病	嗜鳃黄杆菌病	鲁氏耶尔森菌病	嗜水气单胞菌病	维氏气单胞菌病	杀鲑气单胞菌病	荧光假单胞菌病	柱状屈挠杆菌病	水霉病	小瓜虫病	锚头蚤病	脂肪肝	维生素缺乏
八群	拒食	√	√	√	√	√	√	√	√	—	√	√	—	√	√
	浮头	—	—	√	√	√	√	√	√	—	—	—	—	√	
	迟缓	—	—	√	√	√	√	√	√	—	√	√	—	√	
	呆滞	√	√							—	—	—	—	—	—
	散群	游动失调 垂直回转	游动失调 垂直回转	√	√	√	√	√	√	—	√	—	—	√	√

续表

类别	表现	病毒病		细菌病							真菌病	寄生虫病		营养性疾病	
		传染性造血器官坏死病	传染性胰腺坏死病	嗜鳃黄杆菌病	鲁氏耶尔森菌病	嗜水气单胞菌病	维氏气单胞菌病	杀鲑气单胞菌病	荧光假单胞菌病	柱状屈挠杆菌病	水霉病	小瓜虫病	锚头蚤病	脂肪肝	维生素缺乏
八群	乱窜	√（部分）	√（部分）	—	—	—	—	—	—	—		√	√	—	—
	游边	√（部分）	√（部分）	出水口处聚集	—	—	—	—	—	—	√	√	√	√	—
	剐蹭	—	—	—	—	—	—	—	—	—	√	√	√	—	—
八体	体色	黑	偏黑或正常	—	黑	黑	黑	黑	赤皮	—	黑	—	—	黑	—
	体表	全身性点状出血；脊椎畸形	胸腹部紫红	—	—	出血性溃疡和疖疮病	出血性溃疡和疖疮病	体表溃烂和疖疮病	出血	患部周围发红溃烂	白色絮团	白点	—	—	脊椎骨弯曲
	腹部	膨大、“V”形出血	膨大腹水	—	—	—	—	—	—	—	—	—	—	—	膨大
	各鳍	点状出血	点状出血	烂鳍	烂鳍出血	烂鳍	烂鳍	基部充血	烂鳍	黄白色斑点病灶烂鳍	烂鳍	白点	—	—	背鳍烂鳍
	鳞片	—	—	—	—	—	—	—	—	病部脱落	—	—	—	—	—

续表

类别	表现	病毒病		细菌病							真菌病	寄生虫病		营养性疾病	
		传染性造血器官坏死病	传染性胰腺坏死病	嗜鳃黄杆菌病	鲁氏耶尔森菌病	嗜水气单胞菌病	维氏气单胞菌病	杀鲑气单胞菌病	荧光假单胞菌病	柱状屈挠杆菌病	水霉病	小瓜虫病	锚头蚤病	脂肪肝	维生素缺乏
八体	鳃	苍白	—	束装烂鳃；分泌增加	烂鳃；分泌物增加	烂鳃；分泌物增加	烂鳃；分泌物增加	烂鳃；分泌物增加	烂鳃；分泌物增加	—	—	白点	—	淡白	鳃盖变形
	眼球	凸出	凸出	凸出	凸出	凸出	凸出	凸出	凸出	—	—	—	—	—	眼损伤
	肛门	假管形黏液粪便	淡黄色黏液便（挤压可见）	红肿、凸出、拖便	红肿、凸出、拖便	红肿、凸出、拖便	红肿、凸出、拖便	红肿、凸出、拖便	红肿、凸出、拖便	—	—	—	—	—	—
八内	体腔	膨胀、出血	膨胀、黄色黏液	—	血性腹水	—	—	—	—	—	—	—	—	—	—
	肠道	胀气肠炎	无食物积黄色黏液	肠道充血、肠炎	肠道充血、肠炎	肠道充血、肠炎	肠道充血、肠炎	肠道充血、肠炎	肠道充血、肠炎	—	—	—	—	末端溃疡充血	小肠出血
	肝	充血	苍白，肿大，坏死	—	肿大	充血	—	肿大	—	—	—	—	—	黄白或淡褐色、肿大	

续表

类别	表现	病毒病		细菌病							真菌病	寄生虫病		营养性疾病	
		传染性造血器官坏死病	传染性胰腺坏死病	嗜鳃黄杆菌病	鲁氏耶尔森菌病	嗜水气单胞菌病	维氏气单胞菌病	杀鲑气单胞菌病	荧光假单胞菌病	柱状屈挠杆菌病	水霉病	小瓜虫病	锚头蚤病	脂肪肝	维生素缺乏
	胆囊	肿大、充盈	肿大、充盈	—	—	—	—	—	—	—	—	—	—	黄色肿大、半透明	
	鱼鳔	出血	—	—	—	—	—	—	—	—	—	—	—	—	—
八内	胰腺	—	苍白、肿大、空泡坏死	—	—	充血	—	—	—	—	—	—	—	—	—
	肾	花肾、肿大、坏死	苍白、肿大、上皮细胞空泡	—	—	充血	—	—	—	—	—	—	—	—	—
	脾	苍白、肿大	苍白、肿大	—	肿大	—	—	—	—	—	—	—	—	—	—

注：“√”表示具有该症状表现；“—”为未见症状表现。

参考文献

陈昌福，张喜贵，孟长明，2019. 鲑科鱼类的几种病毒性疾病及其防控措施（3）[J]. 渔业致富指南（19）：69-70.

韩步鹰，孟玉琼，刘小红，等，2020. 饲料蛋白质水平对三倍体虹鳟生长和肠道组织形态的影响[J]. 水产学杂志，33（1）：1-7.

简生龙，刘扬，苗世玉，等，2020. 构建青海渔业生态保护和绿色养殖协调发展的渔业标准体系[J]. 中国渔业质量与标准，10（6）：44-50.

景宏丽，刘晓飞，梅琳，等，2022. 传染性造血器官坏死病进境风险分析[J]. 中国动物检疫，39（8）：40-45.

李小花，田海宁，李长忠，等，2022. 饲料蛋白质水平对三倍体虹鳟肌肉组织特性、蛋白质周转和肌肉生长相关基因表达的影响[J]. 动物营养学报，34（5）：3194-3207.

李长忠，王国杰，王振吉，等，2021. 关于把青海冷水鱼养殖产业打造成为百亿元产值产业的思考和建议[J]. 青海科技，28（5）：22-25.

刘家星，杨马，魏文燕，等，2020. 四川地区养殖鲑鳟鱼主要流行病害[J]. 科学养鱼（3）：46-47.

苏晓燕，韩步鹰，孟玉琼，等，2022. 三倍体虹鳟实时荧光定量PCR内参基因稳定性分析[J]. 水产科学，41（1）：35-43.

所兴，2014. 虹鳟鱼病害防治与管理[J]. 北京农业（6）：127–128.
陶丽竹，魏文燕，刘家星，等，2023. 虹鳟传染性造血器官坏死病分析及防控措施[J]. 科学养鱼（5）：55–56.
王且鲁，周建设，王万良，等，2021. 西藏人工养殖鲑鳟鱼病害诊断及常见病害防治方法[J]. 西藏农业科技，43（2）：43–45.
王振吉，王国杰，马睿，等，2023. 三倍体虹鳟商品鱼集装箱式养殖试验[J]. 科学养鱼（1）：44–45.
BHAT R A，SAOCA C，CRAVANA C，et al.，2023. Correction to：Effects of heavy pollution in different water bodies on male rainbow trout (*Oncorhynchus mykiss*) reproductive health[J]. Environ Sci Pollut Res Int，30（9）：23480.
KIM S Y，KIM J Y，KIM H J，et al.，2023. Protection of rainbow trout (*Oncorhynchus mykiss*) against VHSV genotype Ia and IHNV by immunization with VHSV genotype IVa backbone-based single-cycle viruses[J]. Fish Shellfish Immunol，132：108476.
MA J，CASADEI E，BRUCE T J，et al.，2022. Long-term efficacy of nasal vaccination against enteric red mouth（ERM）disease and infectious hematopoietic necrosis（IHN）in juvenile rainbow trout (*Oncorhynchus mykiss*) [J]. Vaccine，40（2）：229–238.
OGUT H，RENO P W，SAMPSON D，2004. A deterministic model for the dynamics of furunculosis in chinook salmon Oncorhynchus tshawytscha[J]. Dis Aquat Organ，62（1–2）：57–63.
OIDTMANN B，JOHNSTON C，KLOTINS K，et al.，2013. Assessment of the safety of aquatic animal commodities for international trade：the OIE Aquatic Animal Health code[J].

Transbound Emerg Dis，60（1）：27–38.

PEKMEZCI G Z，YILDIRIM A，DUZLU O，et al.，2022. Genetic diversity of Ichthyophthirius multifiliis（Fouquet，1876）infecting farmed rainbow trout (*Oncorhynchus mykiss* Walbaum，1792) in Turkey[J]. J Fish Dis，45（8）：1109–1115.

QVILLER L，KRISTOFFERSEN A B，LYNGSTAD T M，et al.，2019. Infectious Salmon Anemia and Farm-Level Culling Strategies[J]. Front Vet Sci，6：481.

REED A N，ROWLAND F E，KRAJCIK J A，et al.，2023. Thiamine supplementation improves survival and body condition of hatchery-reared steelhead (*Oncorhynchus mykiss*) in Oregon[J]. Vet Sci，10（2）：156.

VALLEJOS-VIDAL E，REYES-CERPA S，RIVAS-PARDO J A，et al.，2019. Single-nucleotide polymorphisms（SNP）mining and their effect on the tridimensional protein structure prediction in a set of immunity-related expressed sequence tags（EST）in Atlantic Salmon (*Salmo salar*) [J]. Front Genet，10：1406.

VAN AP，BRON J E，DESBOIS A P，2023. Antimicrobial action of chromatin extracellular traps released by neutrophils of rainbow trout，*Oncorhynchus mykiss*（Walbaum，1792）[J]. Fish Shellfish Immunol，135：108657.

ZHOU Q L，WANG L Y，ZHAO X L，et al.，2022. Effects of salinity acclimation on histological characteristics and miRNA expression profiles of scales in juvenile rainbow trout (*Oncorhynchus mykiss*) [J]. BMC Genomics，23（1）：300.